大学计算机基础教育特色教材

“国家精品在线开放课程”“国家级一流本科课程”主讲教材
“高等教育国家级教学成果奖”配套教材

C#程序设计（第2版）

刘君瑞　姜学锋　编著

清華大学出版社
北京

内容简介

本书共9章，包括程序设计基础、将简单数据与计算引入C#、程序控制结构、模块化程序设计、批量数据的表示与处理、复杂数据的表示与处理、类和对象、规模化程序设计、永久性数据的操作，系统地介绍了编程所需具备的基础知识、C#语言及程序设计技术与方法。全书内容采用“数据表示”和“程序实现”双线索知识体系，按照应用问题求解的知识需求顺序进行编排，优化了程序设计的知识结构。

本书结构清晰、图文并茂，语言朴实简洁，并辅有大量表格和代码示例，全面阐述了C#语言的各种特性，同时配有经过多年教学实践的程序设计综合训练平台及慕课资源，使读者能够快速理解、学习和使用C#。

本书可作为高等院校理工类、文管类专业和信息技术类培训机构的程序设计类课程教材，也可作为计算机程序爱好者学习程序开发和编程技术的自学教材。

图书在版编目(CIP)数据

C#程序设计/刘君瑞，姜学锋编著. —2版. —北京：清华大学出版社，2023.1
大学计算机基础教育特色教材系列
ISBN 978-7-302-62617-6

Ⅰ. ①C… Ⅱ. ①刘… ②姜… Ⅲ. ①C语言－程序设计－高等学校－教材 Ⅳ. ①TP312.8

中国国家版本馆CIP数据核字(2023)第005559号

责任编辑：张 民
封面设计：常雪影
责任校对：李建庄
责任印制：宋 林

出版发行：清华大学出版社
网　　址：http://www.tup.com.cn，http://www.wqbook.com
地　　址：北京清华大学学研大厦A座　　**邮　　编**：100084
社 总 机：010-83470000　　**邮　　购**：010-62786544
投稿与读者服务：010-62776969，c-service@tup.tsinghua.edu.cn
质量反馈：010-62772015，zhiliang@tup.tsinghua.edu.cn
课件下载：http://www.tup.com.cn，010-83470236
印 装 者：三河市铭诚印务有限公司
经　　销：全国新华书店
开　　本：185mm×260mm　　**印　　张**：14.25　　**字　　数**：332千字
版　　次：2014年1月第1版　2023年2月第2版　　**印　　次**：2023年2月第1次印刷
定　　价：46.00元

产品编号：098778-01

前　言

程序设计是大学计算机基础教育和计算机专业的基础核心课程，是其他专业技术课或实践环节的软件工具和验证手段，也是大学生参加课程设计、毕业设计、创新实践、科技制作和学科竞赛等活动的主要实现平台，是各类专业必修的计算机类基础课程。

一直以来，C# 语言在国内外得到广泛应用，其设计宗旨为“简单、现代、通用”。它安全、稳定、简单、优雅，是由 C 和 C++衍生出来的面向对象编程语言，在继承 C 和 C++强大功能的同时，去掉了一些复杂特性（例如，没有宏及不允许多重继承）。同时，C# 综合了 Visual Basic 简单的可视化操作和 C++的高运行效率，以其强大的操作能力、优雅的语法风格、创新的语言特性和便捷的面向组件编程支持成为.NET 开发的首选语言，在 TIOBE 编程语言排行榜上名列前茅。

然而，程序设计的学习难度是很大的，尤其是 C# 这种完全面向对象的语言。很多学生无法把解题的思路变成代码，更谈不上利用程序设计解决实际应用问题。作者经过多年教学经验总结发现，教学过程中过多强调程序语言本身，缺乏思维引导和编程技能训练是造成教学效果不佳的重要原因。

为此，作者结合自主研发的程序设计综合训练平台等系列教学软件，以及慕课等线上资源，遵循“技能提升、思维训练、系统培养、价值塑造”教学理念，精心构建本教材知识体系，力图在内容选取与深度把握上适合高等院校和专业培训的教学目标和学习要求。本书体现出以下特点。

1. 程序设计中的计算思维

程序设计中的逻辑过程如图 1 所示。

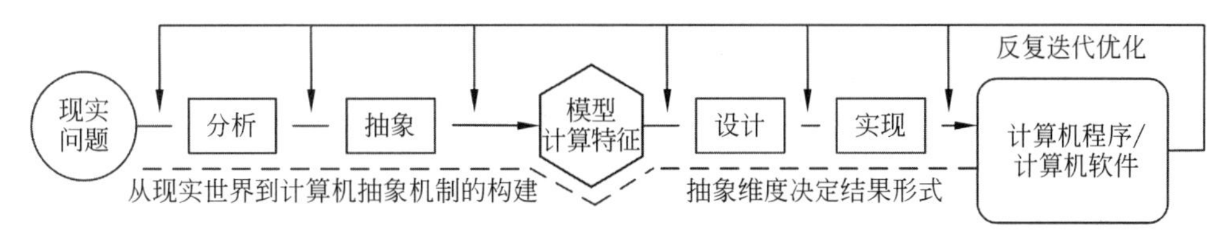

图 1　程序设计中的逻辑过程

从一个待求解的问题到编写出程序代码，或者从一个现实的需求到编写出应用软件，中间经过分析、抽象、模型、设计、实现五大逻辑过程,涉及对现实问题的观察、理解能力,对问题现象及本质的分析、归纳能力,对事物的抽象思维能力,建立(数学、计算机)模型能力,工程表达与设计能力,运用计算机程序语言的代码实现、实践能力,以及反复迭代优化的系统思想。模型之前是人类的现实世界,模型之后是计算机世界,因此,编程的实质就是把现实世界抽象为一个计算特征的模型,然后使用计算机语言实现,在计算机里能够正确运行。

在上述展现"武"的技术硬实力过程中,其实隐含着"文"的软实力,彰显"文武"之道,体现了程序员世界观、认识论、方法论的深度,逻辑推理、实证精神、辩证法的高度,科学素养和思想、实践观,情怀、信念意志和品格的高度。

所以,学习程序设计,不仅要学习语言知识,还要有意识地开展思维训练,有目的地提高综合的、系统的能力,有计划地提升信息素养。为此,在学习或教学过程中,阅读计算机科学发展史及计算机科学中的数学、逻辑学、数理逻辑、程序员修养等课外读物是十分有益的。

2. 双线索的程序设计知识体系

本书的双线索程序设计知识体系以"数据表示"和"程序实现"作为教学上的两条主线索,螺旋上升、交叉推进,如图2所示。

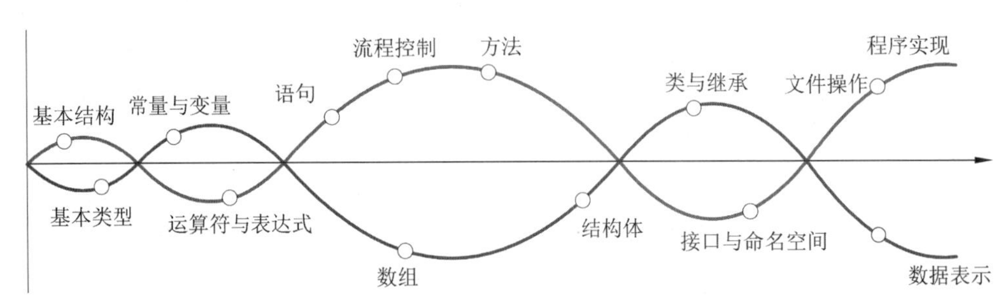

图2 双线索C#语言知识体系

首先,本书通过简单程序引出程序基本结构,以编程为目标给出两条线索:数据表示和程序实现。其次,从引入简单程序框架开始,逐步解决运算和程序组织,进而上升到程序模块化的实现。再次,从基本类型提高到复杂数据类型,上升到结构体和类层面的数据表示。双线索结构揭示了程序设计与应用软件开发的一般规律。

实际教学效果表明,双线索程序设计知识体系突出了程序设计方法学,使程序语言成为服务于编程的工具而不是目标,学习者既能获得语言知识,又能掌握编程技能。

3. 优化程序设计知识安排

本书在程序设计语言知识方面采用了"快节奏",在程序设计方法和编程技术方面采用了"慢节奏",解决了多年来程序设计教与学的难题。书中,语言基础知识的内容被大幅度压缩,从一开始就以简单程序框架展开程序知识的学习,直接进入以程序模块化为主的教学环境。这种安排策略便于教师精讲知识,学生早练多练。而较难的以编程技术为核心的专题则被分配更多学时,便于教师组织技能训练,学生获得编程技巧。

另外,本书的所有内容安排紧密结合实际应用问题求解的认识过程和循序渐进的规律,章节知识点的名称也体现出程序设计与自然领域的对应关系,使得学生在学习过程中更容易实现程序设计知识向编程技能的转化。

4. 配套系列教学软件和慕课资源,可实施混合式教学

自 2001 年以来,基于软件开发科研优势,结合一线教学和课程改革的经验,围绕课堂、实验、作业、设计、考核 5 个教学环节,我们开发了系列教学软件。例如,"程序设计在线评测系统 NOJ"采用计算机系统使学生通过大量习题的训练提高解题速度以解决 TLOC(Total Lines of Code,累计代码行数);"软件设计协同开发平台 DevForge"按专业软件开发方式引导、跟踪、自动评阅学生课程设计程序和报告以解决 SLOC(Software Lines of Code,软件代码的行数);"远程网络考试系统 inTest"实现技能测试和实践考核等。这些教学平台的使用,使得实验机房变成了学生讨论、思考、相互教授的研究场所,形成数字化课堂教学、网络辅助教学、电子教室、智能答疑、综合训练等立体化教学环境,为落实教学理念和教学目标提供了先进工具。

本书对应的慕课"C# 程序设计"列入国家精品在线开放课程、国家级一流本科课程,已在"爱课程网"开设 14 期,可申请 MOOC 或 SPOC 学习。

基于系列教学软件和慕课资源,课程教学可实施线上线下混合式教学,如图 3 所示,并可向使用本教材的高校提供混合式教案。

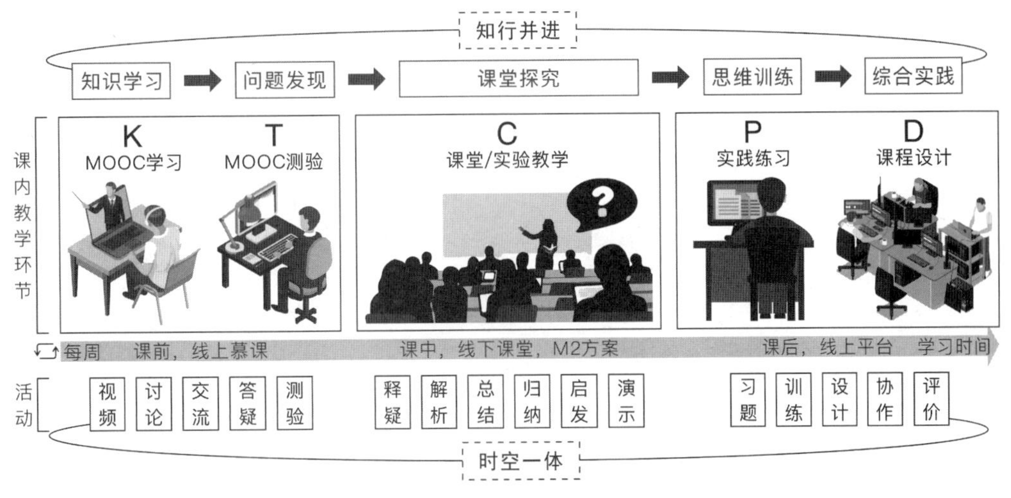

图 3 融合能力培养的 KTCPD 混合式教学模式

本书分为 9 章,内容从结构化的程序设计逐步上升到面向对象程序设计的方法,知识体系结构和内容安排策略由刘君瑞和姜学锋共同设计完成,第1章由姜学锋编写,第2~9章由刘君瑞编写,全书由刘君瑞统稿。在书稿的编著过程中,得到了许多专家的关心和热情支持,清华大学出版社对本书的出版十分重视并进行了周到的安排。在此,对所有鼓励、支持和帮助过本书编写工作的领导、专家、同事和广大读者表示真挚的谢意!

由于时间紧迫及作者水平有限,书中难免有错误、疏漏之处,恳请读者批评指正。

作　者

2022年10月于西北工业大学

目　录

第1章 程序设计基础

当今社会处于信息化时代，计算机及其应用已渗透人类社会的各个领域。计算机已从最初的科学计算延伸到数据处理、电子商务、实时控制、人工智能等领域，能够处理数值、文字、图形、图像、动画、音频和视频等多种形式的数据。一个完整的计算机系统包括硬件系统和软件系统两部分：硬件是物理设备，是计算机完成各项工作的物质基础；软件指示计算机完成特定的工作，是计算机系统的灵魂。所有的软件都是用计算机程序语言编写的，因此掌握程序设计是让计算机发挥巨大作用的重要手段。

1.1 计算机系统和工作原理

1.1.1 计算机系统的组成

1946年，冯·诺依曼提出了冯·诺依曼计算机的概念，该计算机的体系结构和基本工作原理一直占据计算机领域的主导地位，是现代计算机的发展基础。其特点主要如下。

(1) 计算机由运算器、控制器、存储器、输入设备和输出设备5个基本部分组成，其结构如图1.1所示。当计算机在工作时，有两种信息在流动：数据流和控制流。

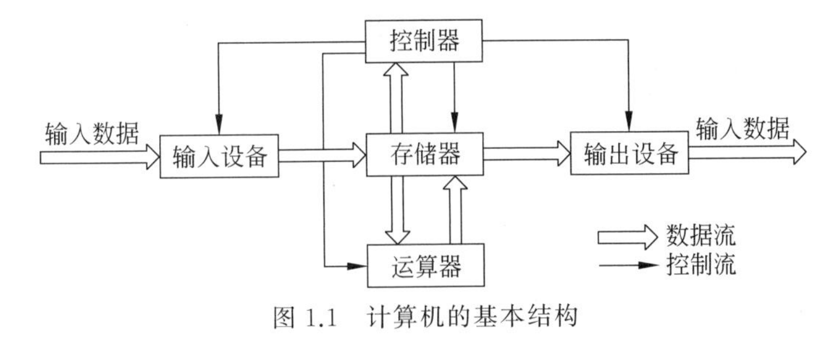

图1.1 计算机的基本结构

(2) 采用“存储程序”思想，程序和数据均以二进制表示，以相同方式存放在存储器中，按地址寻访。

1. 运算器

运算器又称算术逻辑单元(Arithmetic Logic Unit，ALU)，主要功能是进行算术运算和逻辑运算。运算器由一个加法器、几个寄存器和一些控制线路组成。加法器接收寄存器传来的数据进行运算,并将结果传送给寄存器;寄存器用于存放参与运算的数据、中间结果和最终结果。运算器中的数据取自内存,运算的结果又送回内存,运算器对内存的读写操作是在控制器的控制之下进行的。

在计算机中,算术运算是指加、减、乘、除等基本运算,逻辑运算是指逻辑判断、关系比较以及“与”“或”“非”等基本逻辑运算。也就是说,运算器只能做这些简单的基本运算,复杂的计算都要通过多个基本运算堆积实现。然而,运算器的运算速度非常快,使得计算机有高速的信息处理能力。

2. 控制器

控制器由程序计数器 PC、指令寄存器 IR、指令译码器 ID、时序控制电路等组成,指挥计算机的各个部件按照计算机指令的要求协调工作。

程序计数器指示下一条执行指令的存储地址,从存储器中取得指令存放在指令寄存器中,由指令译码器将指令中的操作码翻译成相应的控制信号,再由控制部件将时序控制电路产生的时钟脉冲与控制信号组合起来,控制各个部件完成相应的操作。计算机在控制器的控制下,能够自动、连续地按照编写好的程序,完成一系列指定的操作。

中央处理器(Central Processing Unit,CPU)是计算机中最重要的一个部件,由运算器和控制器组成。

3. 存储器

存储器是计算机用来存放程序和数据的记忆装置,通常分为内存储器和外存储器。内存储器简称为内存或主存,用来存放当前正在执行的程序及其数据,是一种暂时存放信息的设备。关闭电源或断电时,内存中的信息会丢失。内存划分为很多单元,称为“内存单元”,存放一定数量的二进制数据。每个内存单元都有唯一的编码,称为内存单元的地址。当计算机要从某个内存单元存取数据时,首先要提供地址信息,据此查找到相应的内存单元(称为寻址)才能读取数据。外存通常是磁性介质或光盘等,能长期保存信息。

存储器容量是指存储器中最多可存放二进制数据的总和,其基本单位是字节(B),每字节包含 8 个二进制位(b),常用单位为 KB、MB、GB、TB。它们之间的换算关系是:$1KB=2^{10}B$,$1MB=2^{10}KB$,$1GB=2^{10}MB$,$1TB=2^{10}GB$。

4. 输入设备

输入设备将数据和信息输入计算机,是计算机与用户或其他设备通信的桥梁。常见的输入设备有键盘、鼠标、触摸屏、手写板、扫描仪、光笔、数字化仪、A/D 转换器等。

5. 输出设备

输出设备用来将存放在内存中的计算机处理结果以人们能够识别的形式表现出来。常见的输出设备有显示器、打印机、绘图仪、D/A 转换器等。

随着计算机技术的发展和应用的推动,计算机的类型越来越多样化,主要有高性能计算机、微型计算机、工作站、服务器、嵌入式计算机等。高性能计算机在过去称为巨型计算机或大型计算机，是指速度最快、处理能力最强的计算机。微型计算机又称个人计算机，简称PC(Personal Computer)，因其小巧轻便、价格便宜等优点迅速发展成为计算机的主流，主要分为4类：台式计算机(Desktop Computer)、笔记本计算机(Notebook Computer)、平板计算机(Tablet Computer)、便携移动计算机(Mobile Computer)。工作站是指擅长数据处理和高性能图形功能的计算机；服务器是应用在网络环境中对外提供服务的计算机系统；嵌入式计算机是指作为一个信息处理部件，嵌入应用系统之中的计算机。

1.1.2　指令、程序与软件

1. 指令

指令(instruction)是计算机执行某种操作的机器命令，可以被计算机硬件直接识别和执行。指令通常由两个部分组成，常用二进制代码表示：

操作码	操作数

操作码指示该指令要完成的具体操作，例如取数、加法、移位、比较等。操作数指明操作对象的数据或所在的内存单元地址，可以是源操作数的存放地址，也可以是操作结果的存放地址。按操作数的个数划分，指令可分为无操作数指令、单操作数指令、双操作数指令和三操作数指令。

一台计算机所有指令的集合称为指令系统。不同类型的计算机，指令类型和数量是不同的。一般地，指令系统应包括以下指令。

(1) 数据传送指令：将数据在CPU与内存之间进行传送。

(2) 数据处理指令：对数据进行算术、逻辑、比较、位运算。

(3) 程序控制指令：控制程序中指令的执行顺序，例如条件跳转、无条件跳转、调用、返回、停机、中断、异常处理等。

(4) 输入输出指令：实现外部设备与主机之间的数据传输。

(5) 硬件管理指令：管理计算机硬件。

(6) 其他指令：实现特殊功能，例如多媒体、DSP、通信、图形渲染等。

2. 计算机的工作原理

计算机的工作过程实际上是快速执行指令的过程，指令的执行过程分为以下3个步骤。

(1) 取指令：按照程序计数器中的地址，从内存中取出指令送到指令寄存器中。

(2) 分析指令：对指令寄存器中存放的指令进行分析，由指令译码器对操作码进行译码，转换成相应的控制信号并确定操作数地址。

(3) 执行指令：由执行部件完成该指令所要求的操作，例如执行加法操作，将寄存器的值与累加器的值相加，结果依然放在累加器中。

一条指令执行完成，程序计数器加1或将跳转地址送入程序计数器，继续重复上述步骤执行下一条指令。

早期的计算机以串行方式执行指令,即在任何时刻只执行一条指令,完成后才能执行下一条指令。在此过程中访问某个功能部件时,其他部件是不工作的。为了提高计算机执行指令的速度,现代的计算机广泛采用指令流水线技术来并行执行指令。

图1.2描述了3条指令的流水线执行过程。理论上讲,当有很多指令时,使用流水线技术并行执行速度是串行执行的3倍。但是,流水线方式的控制机制很复杂,硬件成本较高。

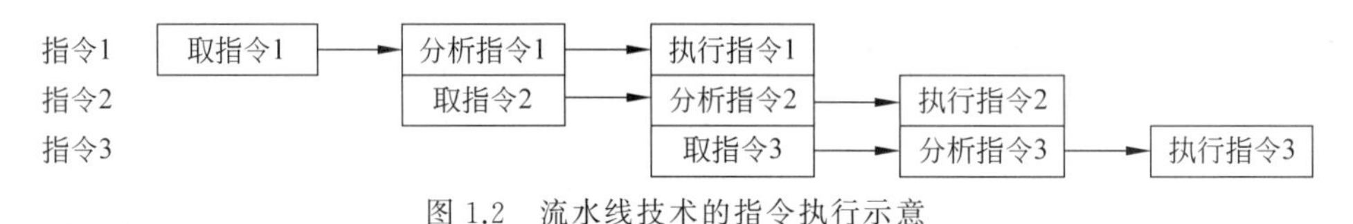

图1.2 流水线技术的指令执行示意

3. 程序

计算机程序(Computer Program)是指为实现特定目标或解决特定问题而用计算机语言编写的指令序列的集合。程序的运行过程就是依次执行每条指令的过程,一条指令执行完成后,为执行下一条指令做好准备,即形成下一条指令地址,继续执行,直到遇到结束程序的指令为止,如图1.3所示。

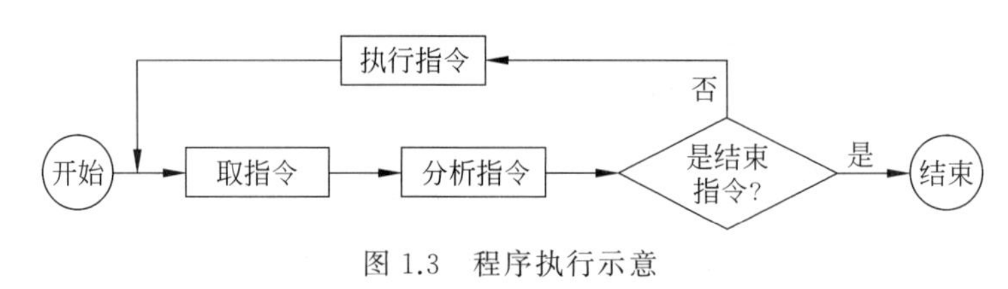

图1.3 程序执行示意

计算机每一条指令的功能是有限的,但是经过人们的精心编制,由一系列指令组成的程序能够完成无限多的任务。编写程序(programming)不仅考验程序员的体力、耐力和意志力,更要考验程序员的智力、想象力和创造力。

计算机程序是数据流和控制流的工作过程。数据流是指对数据形式的表示和描述,即程序所使用数据的数据结构和组织形式。控制流是对数据所进行操作的描述,即指定操作的步骤和方法,称为算法(algorithm)。因此一个程序包含算法和数据两部分,没有数据,程序就没有运算处理的对象,而处理数据对象的算法是程序的灵魂。

简单地说,准确地描述数据和设计正确的算法是程序设计的两个关键点。以它们作为重要线索出发,结合科学的程序设计方法,就能设计出完成指定任务的程序。因此有:

程序设计=算法+数据结构+程序设计方法

4. 软件

软件(software)是指程序、程序运行所需要的数据以及开发、使用和维护这些程序所需要的文档的集合。

计算机软件一般分为系统软件、应用软件和支撑软件3大类。系统软件是控制和协调计算机及外部设备，支持应用软件开发和运行的一类软件，通常包括操作系统、语言处理程序和各种实用程序。利用计算机的软、硬件资源为某一专门的应用目的而开发的软件称为应用软件，包括办公软件、图形图像处理软件、数据库系统、网络软件、多媒体处理软件、娱乐与学习软件等。支撑软件是支撑各种软件的开发与维护的软件，又称为软件开发环境。它主要包括环境数据库、各种接口软件和工具组，如微软公司的 Microsoft Visual Studio 等。

软件开发过程分为需求分析、概要设计与详细设计、编程实现、软件测试、软件维护5个阶段。程序设计是软件开发中的重要组成部分，是现实问题求解的过程。它往往以某种程序语言为工具，包括分析(analysis)、设计(design)、编码(coding)、测试(test)、排错(debug)等不同阶段。无论从规模或是质量方面，软件开发对程序员都提出了更高的要求。

1.2 信息的表示与存储

计算机采用二进制即0和1的形式存储各种信息，原因如下。

(1) 物理上容易实现，可靠性高。电子元器件大都具有两种稳定的状态：电压的高和低、晶体管的导通和截止等。这两种状态恰好用来表示二进制的两个数码0和1。

(2) 运算简单，通用性强。二进制数的运算规则比十进制数的运算规则少很多。

(3) 便于表示和进行逻辑运算。二进制数的0和1与逻辑量“假”和“真”吻合。

1.2.1 计算机的数字系统

十进制数是人类日常生活中使用的记数法，它的数字符号有10个：0,1,2,…,9，满十进位。计算机中使用的是二进制数0和1，满二进位。无论哪种数制，都采用进位记数制方式和位置表示法，即每一种数制都有固定的基本符号(称为数码)，处于不同位置的数码所代表的值是不同的。

例如，十进制数123.45可表示为

$$123.45=1\times10^2+2\times10^1+3\times10^0+4\times10^{-1}+5\times10^{-2}$$

在数字系统中，用 r 个基本符号($0,1,2,\cdots,r-1$)表示数值，称其为 r 进制数(radix-r number system)，r 称为该数制的基数(radix)，而数制中每个位置对应的单位值称为位权。表1.1列出了常用的几种数字系统，表1.2列出了二进制数、八进制数、十六进制数与十进制数之间的关系。

表1.1 计算机中常用的数字系统

进 制	二进制	十进制	八进制	十六进制
进位规则	满二进一	满十进一	满八进一	满十六进一
基数 r	2	10	8	16

续表

进　制	二 进 制	十 进 制	八 进 制	十 六 进 制
基本符号	0,1	0,1,2,…,9	0,1,2,…,7	0,1,2,…,9,A,B,C,D,E,F
位权	2^i	10^i	8^i	16^i
表示符号	B(Binary)	D(Decimal)	O(Octal)	H(Hexadecimal)

表 1.2　二进制数、八进制数、十六进制数与十进制数之间的关系

十进制	二进制	八进制	十六进制	十进制	二进制	八进制	十六进制
0	0	0	0	8	1000	10	8
1	1	1	1	9	1001	11	9
2	10	2	2	10	1010	12	A
3	11	3	3	11	1011	13	B
4	100	4	4	12	1100	14	C
5	101	5	5	13	1101	15	D
6	110	6	6	14	1110	16	E
7	111	7	7	15	1111	17	F

注：十六进制基本符号中，字母不区分大小写。

使用位置表示法，各种进位记数制的权值正好是 r 的某次幂。因此，任何一种进位记数制表示的数都可以写成一个多项式之和，即任意一个 r 进制数 N 可以表示为

$$
\begin{aligned}
N &= a_{n-1}a_{n-2}\cdots a_1a_0 \cdot a_{-1}a_{-2}\cdots a_{-m} \\
&= a_{n-1}\times r^{n-1} + a_{n-2}\times r^{n-2} + \cdots + a_1\times r^1 + a_0\times r^0 + a_{-1}\times r^{-1} + \\
&\quad a_{-2}\times r^{-2} + \cdots + a_{-m}\times r^{-m} \\
&= \sum_{i=-m}^{n-1} a_i \times r^i \qquad (1\text{-}1)
\end{aligned}
$$

其中，a_i 是数码，r 是基数，r^i 是位权。

1.2.2　进位记数制的转换

1. 十进制数转换成 r 进制数

由于整数和小数的转换方法不同，将十进制数转换为 r 进制数时，可分别按整数部分和小数部分转换，然后将结果加起来即可。

1）十进制整数转换成 r 进制数

十进制整数转换成 r 进制数的方法是除 r 取余法：即将十进制整数不断除以 r 取余数，直到商为 0，先得到的余数是 a_0，最后得到的余数是 a_{n-1}，则 $a_{n-1}a_{n-2}\cdots a_1a_0$ 就是转换后的 r 进制数。

2）十进制小数转换成 r 进制小数

十进制小数转换成 r 进制小数的方法是乘 r 取整法：即将十进制小数不断乘以 r 取整数，直到小数部分为0或达到要求的精度为止，先得到的整数是 a_{-1}，自左向右排列，则 $a_{-1}a_{-2}\cdots a_{-n}$ 就是转换后的 r 进制小数。

【例1.1】 将十进制数 $(127.18)_D$ 转换成二进制数。

解 转换结果为 $(127.18)_D=(1111111.001011)_B$。注意，小数部分的转换是不精确的，这里根据精度要求保留6位小数。转换步骤如下：

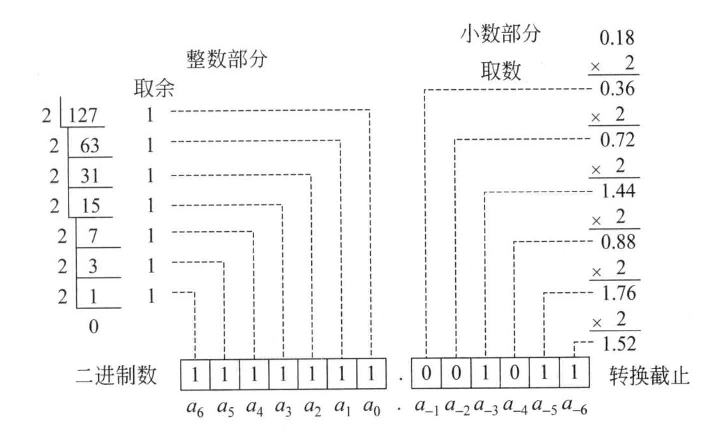

2. r 进制数转换成十进制数

将任意 r 进制数按照式(1-1)写成按位权展开的多项式，各位数码乘以各自的权值且累加起来，就得到该 r 进制数对应的十进制数。

例如：

$$(101001.101)_B=1\times 2^5+0\times 2^4+1\times 2^3+0\times 2^2+0\times 2^1+1\times 2^0+1\times 2^{-1}+0\times 2^{-2}+1\times 2^{-3}=(41.625)_D$$

$$(12.34)_O=1\times 8^1+2\times 8^0+3\times 8^{-1}+4\times 8^{-2}=(10.4375)_D$$

$$(1ABC)_H=1\times 16^3+10\times 16^2+11\times 16^1+12\times 16^0=(6844)_D$$

3. 二、八、十六进制数相互转换

从前面的例子可以看到，等值的二进制数比十进制数位数要长很多。为了方便起见，在理论分析和程序设计时人们更多使用八进制和十六进制数。

二进制、八进制、十六进制之间存在特殊关系：$8^1=2^3$，$16^1=2^4$，即1位八进制数相当于3位二进制数，1位十六进制数相当于4位二进制数。根据这种对应关系，可以得到它们之间的转换方法如下。

（1）二进制数转换成八进制数时，以小数点为中心向左右两边分组，每3位为一组转换成相应的八进制数，两头不足3位用0补。

（2）二进制数转换成十六进制数时，以小数点为中心向左右两边分组，每4位为一组转换成相应的十六进制数，两头不足4位用0补。

(3) 八进制数转换成十六进制数或十六进制数转换成八进制数时,可以借助二进制。例如:

$(\underset{5}{\underline{0101}}\ \underset{A}{\underline{1010}}\ \underset{3}{\underline{0011}}.\underset{9}{\underline{1001}}\ \underset{4}{\underline{0100}})_B=(5A3.94)_H$ (整数高位和小数低位补 0)

$(\underset{7}{\underline{111}}\ \underset{6}{\underline{110}}\ \underset{5}{\underline{101}}\ \underset{4}{\underline{100}}.\underset{3}{\underline{011}}\ \underset{2}{\underline{010}})_B=(7654.32)_O$ (整数高位补 0)

$(ABC.D)_H=(\underset{A}{\underline{1010}}\ \underset{B}{\underline{1011}}\ \underset{C}{\underline{1100}}.\underset{D}{\underline{1101}})_B$ (整数前的高位 0 和小数后的低位 0 可取消)

$(765.43)_O=(\underset{7}{\underline{111}}\ \underset{6}{\underline{110}}\ \underset{5}{\underline{101}}.\underset{4}{\underline{100}}\ \underset{3}{\underline{011}})_B$ (整数前的高位 0 可取消)

$(3C)_H=(\underset{3}{\underline{0011}}\ \underset{C}{\underline{1100}})_B=(\underset{0}{\underline{000}}\ \underset{7}{\underline{111}}\ \underset{4}{\underline{100}})_B=(74)_O$ (借助二进制转换)

1.2.3 数值数据的表示

1. 整数在计算机中的表示

由于计算机只有 0 和 1 的数据形式,因此数的正(+)、负(−)号也要用 0 和 1 编码。通常将一个数的最高二进制位定义为符号位,称为数符,用 0 表示正数、1 表示负数,其余位表示数值。

在计算机中,作为整体参与运算、处理和传送的一串二进制的位数称为字长,字长一般是 8 的倍数,例如 8 位、16 位、32 位、64 位等。一个数在计算机中的表示形式称为机器数。假定字长为 8 位,5 的机器数为 00000101,−5 的机器数为 10000101。

当一个带有符号位的数参与运算时,有时会产生错误的结果,例如,00000101 + 10000101 的结果并不是 0。若在运算时额外考虑符号问题,会增加计算机实现的难度,于是促使人们去寻找更好的表示方法。

下面介绍原码、反码和补码,为了简单起见,以下假定字长为 8 位。

1) 原码

整数 X 的原码是数符位 0 表示正,1 表示负,数值部分是 X 绝对值的二进制表示,记为$(X)_{原}$,原码表示数的范围是$-(2^{n-1}-1)\sim 2^{n-1}-1$。

例如:

$$(+1)_{原}=00000001,\quad (+127)_{原}=01111111,\quad (+0)_{原}=00000000$$
$$(-1)_{原}=10000001,\quad (-127)_{原}=11111111,\quad (-0)_{原}=10000000$$

由此可知,8 位原码表示的最大值为 127,最小值为 −127,表示数的范围是 −127~127,其中,0 有两种表示形式。

原码表示法编码简单,但它的缺点是运算时要单独考虑符号位和判别 0,增加了运算规则的复杂性。

2) 反码

整数 X 的反码是对于正数,反码就是原码;对于负数,数符位为 1,其数值位为原码中的数值位按位取反，记为$(X)_{反}$，反码表示数的范围是$-(2^{n-1}-1)\sim 2^{n-1}-1$。

例如：

$(+1)_{反}=00000001$，　$(+127)_{反}=01111111$，　$(+0)_{反}=00000000$

$(-1)_{反}=11111110$，　$(-127)_{反}=10000000$，　$(-0)_{原}=11111111$

由此可知，8位反码表示的最大值、最小值和数的范围与原码相同，其中，0也有两种表示形式。

反码运算也不方便，很少使用，一般用来求补码。

3）补码

整数X的补码是对于正数，补码与反码、原码相同；对于负数，数符位为1，其数值位为反码加1，记为$(X)_{补}$。补码表示数的范围是$-2^{n-1}\sim 2^{n-1}-1$。

例如：

$(+1)_{补}=00000001$，　$(+127)_{补}=01111111$，　$(+0)_{补}=(-0)_{补}=00000000$

$(-1)_{补}=11111111$，　$(-127)_{补}=10000001$，　$(-128)_{补}=10000000$

由此可知，8位补码表示的最大值为127，最小值为－128，表示数的范围是－128～127，其中，0有唯一的编码形式。

补码的实质就是对负数的表示进行不同的编码，从而方便地实现正负数的加法运算且规则简单。在数的有效表示范围内，符号位如同数值一样参与运算，也允许最高位的进位被丢弃。需要记住，机器数、原码、反码和补码等编码，总是在特定字长下讨论的。

【例1.2】 计算(－9)＋9的值。

```
   11110111    ……－9的补码
+  00001001    ……9的补码
-----------
  100000000    ……最高位进位丢弃
```

丢弃高位1，运算结果为0。

【例1.3】 计算65＋66的值。

```
  01000001    ……65的补码
+ 01000010    ……66的补码
----------
  10000011    ……－125的补码
```

两个正数相加，从结果的符号位可知运算结果是一个负数(－125)，其原因是结果(131)超出了数的有效表示范围(－128～127)。由此可见，利用补码进行运算，当运算结果超出表示范围时，会产生不正确的结果。

4）无符号整数

无符号整数是指没有正负之分的整数。无符号整数总是大于等于0，其数的表示范围是$0\sim 2^{n}-1$，即二进制的每一位都是数值位。显然，在字长不变的情况下，无符号整数的数值比有符号整数的数值大。

【例1.4】 计算无符号整数75＋56的值。

$75+56=(10000011)_{B}$，由于是无符号整数，故直接转换成十进制数为131。

2. 浮点数在计算机中的表示

数学中的实数在计算机中称为浮点数，是指小数点位置不固定的数。浮点数用二进制表示,但表示方法比整数复杂得多。

为便于软件的移植,目前大多数计算机都遵守1985年制定的IEEE 754浮点数标准(最新标准为IEEE 754—2008),主要有单精度浮点数(float或single)和双精度浮点数(double)格式。按二进制数据形式,单精度格式包括1位符号位、8位阶码、23位尾数,总共占用32位即4字节存储空间,相对应的十进制有效数字为7位;双精度格式包括1位符号位、11位阶码、52位尾数,总共占用64位即8字节存储空间,相对应的十进制有效数字为17位。

1.2.4 非数值数据的表示

1. 西文字符

西文字符包含英文字符、数字、各种符号,是不能做数学运算的数据。西文字符按特定的规则进行二进制编码才能进入计算机,最常用的是美国信息交换标准代码(American Standard Code for Information Interchange,ASCII)。ASCII码是7位二进制编码,编码值从0到127,可以表示2^7即128个字符。ASCII码对照表中,DEC列表示编码的十进制值,HEX列表示编码的十六进制值,"字符"列为编码所表示的符号。

在ASCII码对照表中,ASCII码值为十进制0～31和127的33个字符称为控制字符,32～126的95个字符称为图形字符(又称为可打印字符),128～255的128个字符称为扩展字符。

在图形字符中,'0'～'9'、'A'～'Z','a'～'z'都是顺序排列的,小写字母比对应的大写字母十进制ASCII码值大32。一般地,只要记住字符'0'和'A'的ASCII码值,其余数字和字母可以推算出来;另外,空格字符的十进制ASCII编码是32。

计算机存储与处理一般以字节为单位,因此西文字符的一个字符在计算机内部实际是用8位表示的。

2. 汉字字符

汉字字符种类多,编码机制比西文字符复杂。在汉字处理系统中,需要在输入、内部处理、输出对汉字字符编码及转换。因此汉字字符编码有输入码、字形码、国标码、机内码之分。输入码是键盘输入汉字时所用的编码,字形码用于汉字的显示和打印输出。

汉字的机内码可以通过汉字国标码或区位码计算得出。除此之外,汉字内码还有Unicode码、GBK码、GB18030码和BIG5码等。

Unicode码是目前用来解决ASCII码256个字符限制问题的一种比较流行的解决方案。许多亚洲和东方语言所用的字符远远不止256个字符,Unicode码通过用双字节来表示一个字符,有65 536个编码,从而在更大范围内将数字代码映射到多种语言的字符集。Unicode码为每个字符提供了与平台、与程序设计语言无关的一个唯一数字。

Unicode编码与ANSI码不兼容,两字节的Unicode编码称为UCS-2,其与ASCII码的转换关系为:如果被编码字符是ASCII码中的字符,则Unicode编码的第一个字节为空(值为0),另一个字节为原ASCII码的值。例如,ASCII码中的a,则UCS-2码依据字节顺序为 0a 或 a0。在 MTK 中有专门实现 ASCII 码和 Unicode 编码转换的函数。

3. 多媒体信息

除数值、文字数据外，计算机也可以处理图形、图像、音频和视频信息。这些媒体信息的表现方式可以说是多种多样，但是在计算机中它们都是通过二进制编码表示的。

数字音频是由 A/D(模拟/数字)转换器用一定采样频率采样、量化音频信号，然后使用固定二进制位记录量化值以数字声波文件的形式存储在计算机中。若要输出数字声音，必须通过 D/A(数字/模拟)转换器将数字信号转换成模拟信号输出。

数字图像分为图形(graph)和图像(image)。图形一般是指由直线、圆、圆弧、任意曲线等图元组成的画面，以矢量图形文件形式存储，记录描述各个图元的大小、位置、形状、颜色、维数等属性。图像是以像素点矩阵组成的位图形式存储，记录每个像素点的亮度、颜色和位图分辨率信息。

数字视频由一系列静态图像按一定顺序排列组成，每一幅图像称为帧(frame)。数字视频处理基于音频、图像处理。

1.3　程序设计语言

程序设计语言是用来编写计算机程序的工具。只有用机器语言编写的程序才能被计算机直接执行，其他任何语言编写的程序都需要翻译成机器语言。按照程序设计语言的发展历程，大致可分为机器语言、汇编语言和高级语言 3 类。

1.3.1　机器语言与汇编语言

机器语言是直接用二进制代码指令表达的计算机语言，指令是用 0 和 1 组成的一串代码，它们有一定的位数，并分成若干段，各段的编码表示不同的含义。例如，某台计算机字长为 8 位，即由 8 个二进制数组成一条指令或其他信息。

例如，计算 15＋11 的机器语言程序如下：

```
10110000 00001111              ;往寄存器 AL 送 15(0FH)
00000100 00001011              ;寄存器 AL 加 11(0BH),且送回到 AL 中
11110100                       ;结束,停机
```

机器语言具有灵活、直接执行和速度快等特点。但是，机器语言编写的程序难写、难记、难阅读。不同的计算机指令系统也不同，因此机器语言通用性差。

为了解决机器语言的缺点，人们设计出汇编语言，将机器指令的代码用英文助记符来表示，如 MOV 表示数据传送、ADD 表示加、JMP 表示程序跳转、HLT 表示停机等。

例如，计算 15＋11 的汇编语言程序如下：

```
MOV     AL,15                  ;往寄存器 AL 送 15(0FH)
ADD     AL,0B                  ;寄存器 AL 加 11(0BH),且送回到 AL 中
HLT                            ;结束,停机
```

由此可见,汇编语言在一定程度上克服了机器语言难读难写的缺点,同时保持了占用存储空间少、执行效率高的优点。在一些实时性、执行性能要求较高的场合,例如,嵌入式控制、视频播放、图像渲染、直接硬件处理、机器指令调试等,仍经常使用汇编语言。

机器语言和汇编语言是面向机器的,对大多数人来说,使用它们编写程序不是一件简单的事情;更关键是,现代大规模软件生产对开发周期、维护成本、可移植性、可读性、通用性的高要求,使得它们"难以胜任"。

1.3.2 高级语言

高级语言是一种接近于人的自然语言和数学公式的程序设计语言,目标是使程序设计语言与具体机器无关,不必了解机器的指令系统。这样,程序员就可以集中精力解决问题本身而不必受机器制约,大幅提高了编程的效率。但是,用高级语言编写的程序不能直接在计算机上识别和运行,必须将它翻译成计算机能够识别的机器指令才能执行,翻译程序的方式有编译和解释两种。

编译(Compile)是用编译器(Compiler)程序把高级语言所编写的源程序(Source Code)翻译成用机器指令表示的目标代码,使目标代码和源程序在功能上完全等价,通过连接器(Linker)程序将目标程序与相关库连接成一个完整的可执行程序。其优点是执行速度快,产生的可执行程序可以脱离编译器和源程序独立存在,反复执行。

解释(Interprete)是用解释器(Interpreter)程序将高级语言编写的源程序逐句进行分析翻译,解释一句,执行一句。当源程序解释完成时目标程序也执行结束,下次运行程序时还需要重新解释执行。其优点是移植到不同平台时不用修改程序代码,只要有合适的解释器即可。

高级程序设计语言的种类繁多,目前应用广泛的主要有以下几种。

(1) FORTRAN 语言,1954 年推出,是世界上最早出现的高级语言,主要用于科学计算。

(2) C/C++ 语言,1972 年推出的 C 语言,功能丰富、使用灵活,代码执行速度快,可移植性强,且具有与硬件打交道的底层处理能力。1983 年推出的 C++ 语言,完全兼容 C 语言,并引入了面向对象概念,对程序设计思想和方法进行了彻底的变革。C/C++ 语言适于各类应用程序的开发,是系统软件的主流开发语言。

(3) BASIC/Visual Basic 语言,1964 年推出 BASIC 初学者语言,1991 年 Microsoft 公司推出了可视化的、基于对象的 Visual Basic,给非计算机专业的广大用户开发应用程序带来了便利,发展到现在的 Visual Basic.NET 则是完全面向对象的。

(4) Java 语言,1995 年推出,是一种跨平台的面向对象程序设计语言,主要用于 Internet 应用开发。Java 语言编写的源程序既可编译生成为 Java 字节编码,又被解释运行,因而可以运行在任何环境下,例如 Windows、Linux、Android 系统。Java 语言目前已成为移动计算、云计算环境下的主流开发语言。

(5) C#语言,2000 年推出,是一种易用的、安全的、面向对象的程序设计语言,专门为.NET 应用而设计。它吸收了 C++ 、Visual Basic、Delphi、Java 等语言的优点,体现了最新程序设计技术的功能和精华。

(6) Python,20世纪90年代初诞生,是一种简单易学、易读易维护的完全面向对象程序设计语言,具有很好的可扩展性、可扩充性和可嵌入性,拥有庞大的库,已被广泛应用于系统管理任务的处理和Web编程。

TPCI(TIOBE Programming Community Index)是每月更新一次的编程语言排行榜。作为编程语言流行程度的业内指标,所依据的数据调查来自世界范围内的资深软件工程师和软件厂商。TPCI指数显示,从2000年推出C#语言后,其在业内的流行程度整体上升迅速,曾一度排行仅次于Java和C语言,位居第三名。读者可以通过互联网查询最新的TPCI(http://www.tiobe.com/index.php/content/paperinfo/tpci/index.html),从中了解编程语言的发展趋势。

1.4 程序设计概述

1.4.1 计算机问题求解的基本特点

利用计算机解决现实问题,称为问题求解(problem solving)。问题求解时,必须事先对各类具体问题进行仔细分析,确定解决问题的具体方法和步骤,并依据该方法和步骤,选择程序语言,按照该语言的编码规则,编制出程序,使计算机按照人们指定的步骤和操作有效地工作。

程序针对某个事务处理设计一系列操作步骤,每一步的具体内容由计算机能够理解的指令或语句描述,这些指令或语句指示计算机"做什么""怎么做"。程序控制计算机,使其按顺序执行一系列动作。显然,这些动作是由程序员指定的。因此,程序员的工作是确定完成问题求解该有什么动作,并设计这些动作执行的顺序,然后精心编排出来。

计算机问题求解的基本步骤如下。

(1) 确定数学模型或数据结构。程序将以数据处理的方式解决问题,因此在程序设计之初,首先应该将实际问题用数学语言描述出来,形成一个抽象的、具有一般性的数学问题,从而给出问题的抽象数学模型,给出该模型对应的数据结构和组织形式。

(2) 算法分析和描述。有了数学模型,就可以制定解决该模型所代表数学问题的算法,分析算法的性能优劣,采用合适的方法描述出算法,且尽可能利于程序语言实现。

(3) 编写程序。根据上述的数据结构,定义符合程序语言语法的数据,将非形式化的算法描述转变为形式化的由程序语言表达的算法。

(4) 程序测试。程序编写完成后必须经过科学的、严谨的测试,才能确保程序的正确性。

1.4.2 算法的定义与特性

算法是为了求解问题而采取确定的、按照一定次序进行的操作步骤,它的基本要素是完成什么操作以及完成操作的顺序如何控制。一个好的算法将会产生高质量的程序。

算法具备以下5个特性。

(1) 有穷性,是指算法必须能在执行有限步骤之后终止。

(2) 确定性,算法的每一步骤必须有确切的定义,不应当是含糊的或模棱两可的。

(3) 有效性,算法中执行的任何计算步骤都是可以被分解为基本的、可执行的操作,即每个计算步骤都可以在有限时间内完成(也称为可行性)。

(4) 输入项,算法可以有零个、一个或多个输入,以刻画运算对象的初始情况,所谓零个输入是指算法本身定出了初始条件。

(5) 输出项,算法可以有一个或多个输出,以反映对输入数据加工后的结果。没有输出项的算法没有任何实际意义。

1.4.3 算法的表示

表示算法的方法有多种,常用的有自然语言、结构化流程图、伪代码和 PAD 等,其中最普遍的是流程图。

1. 用自然语言表示算法

自然语言是人们日常使用的语言,可以是汉语、英语或其他语言。用自然语言表示算法通俗易懂,可以方便地描述算法设计思想。但是,由于自然语言含义不精确,不适合描述严格的算法,而且自然语言描述的使用范围非常有限,所以只用来对算法作辅助说明。

2. 用流程图表示算法

流程图用一些图元表示各种操作,直观形象,易于理解。图 1.4 是美国国家标准协会(American National Standards Institute,ANSI)规定的常用流程图符号,已被广泛使用。

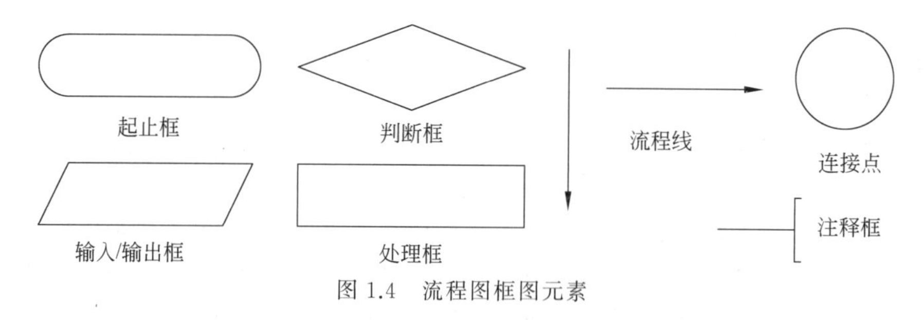

图 1.4 流程图框图元素

这些框图通过流程线连接在一起,构成一个完整的算法逻辑。大多数框图都有一个入口和一个出口,流程线连接在一个框图的出口和另一个框图的入口之间,使用箭头指明流程的走向。1966 年,Böhm 和 Jacopini 提出了用 3 种基本结构作为表示算法的基本单元,分别是顺序结构、选择结构、循环结构,如图 1.5 所示。

实践证明,采用 3 种基本结构的顺序处理和嵌套处理,能够描述任何可计算问题的处理流程,解决任何复杂的问题。由基本结构所组成的算法是结构化算法。

3. 用 N-S 图表示算法

既然用基本结构的顺序组合可以表示任何复杂的算法,那么基本结构之间的流程线就是多余的。1973 年,I.Nassi 和 B.Schneiderman 提出了一种新的流程图形式。在这种

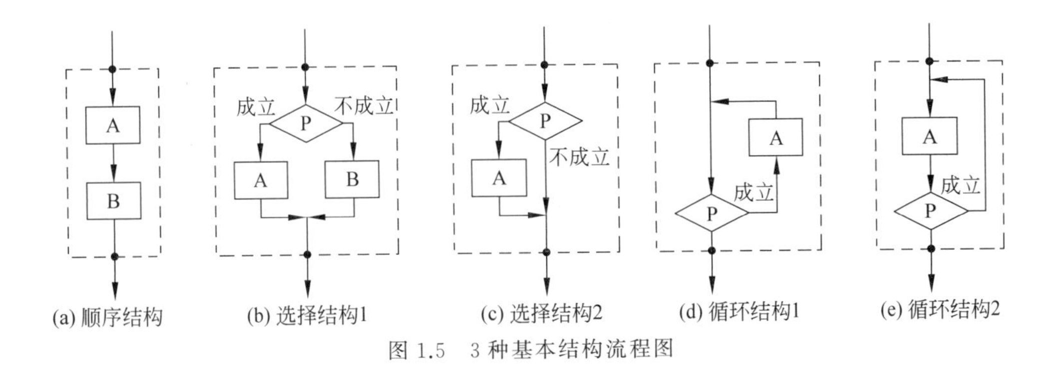

(a) 顺序结构　(b) 选择结构1　(c) 选择结构2　(d) 循环结构1　(e) 循环结构2

图 1.5　3 种基本结构流程图

流程图中，去掉了流程线，全部算法写在一个矩形框内，在框内还可以包含其他从属于它的框。这种流程图称为 N-S 图(又称为盒图或 CHAPIN 图)，非常适于结构化程序设计。

N-S 图使用图 1.6 的流程图符号。

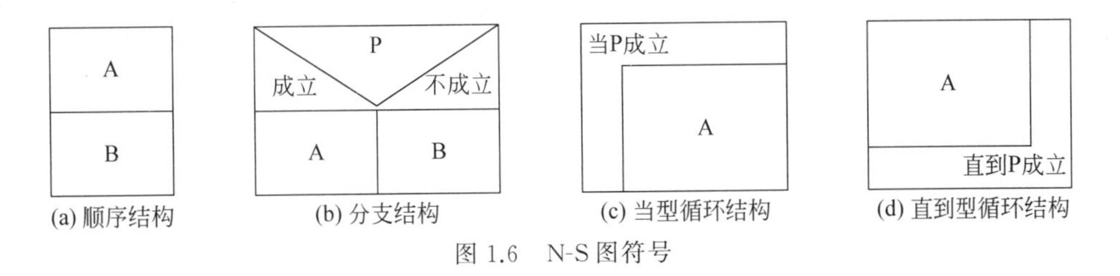

(a) 顺序结构　(b) 分支结构　(c) 当型循环结构　(d) 直到型循环结构

图 1.6　N-S 图符号

4. 用伪代码表示算法

用流程图和 N-S 图表示算法，直观易懂，但画起来比较费事，而且设计算法时反复修改流程图也是比较麻烦的。因此，流程图适宜表示一个算法，但在设计算法过程中常用伪代码(Pseudo Code)工具。

伪代码是用介于自然语言和计算机语言之间的文字和符号来描述算法。因此，伪代码书写方便、易于理解，特别是向程序过渡方便。表 1.3 展示了伪代码语句，大小写均可。

表 1.3　伪代码语句

表示语句	伪代码
开始，结束，赋值，相等判断	BEGIN，END，←，=
条件语句	IF/THEN /ELSE/ENDIF
循环语句	REPEAT/UNTIL/ENDREPEAT，FOR i ← 0 to n ENDFOR，DO/WHILE /ENDDO
分支语句	CASE_OF/ WHEN/ SELECT/ WHEN/ SELECT/ENDCASE

5. UML

统一建模语言(Unified Modeling Language，UML)是用来对软件系统进行可视化建模的一种语言。UML 的目标是以面向对象图的方式来描述任何类型的系统,最常用的是建立软件系统的模型,但它同样可以用于描述非软件领域的系统,如机械系统、企业机构或业务过程,以及处理复杂数据的信息系统、具有实时要求的工业系统或工业过程等。

UML 定义了包含类图(class diagram)、对象图(object diagram)在内的 13 种图示,是面向对象程序设计常用的分析和建模工具。UML 不是程序设计语言,而是一个标准的图形表示法,它仅是一组符号而已。

【例 1.5】 用流程图、N-S 图、伪代码表示 $1-\frac{1}{2}+\frac{1}{3}-\frac{1}{4}+\frac{1}{5}+\cdots+\frac{1}{99}-\frac{1}{100}$的求解算法。

解 用流程图表示的算法如图 1.7(a)所示、用 N-S 图表示的算法如图 1.7(b)所示,用伪代码表示的算法如图 1.7(c)所示。

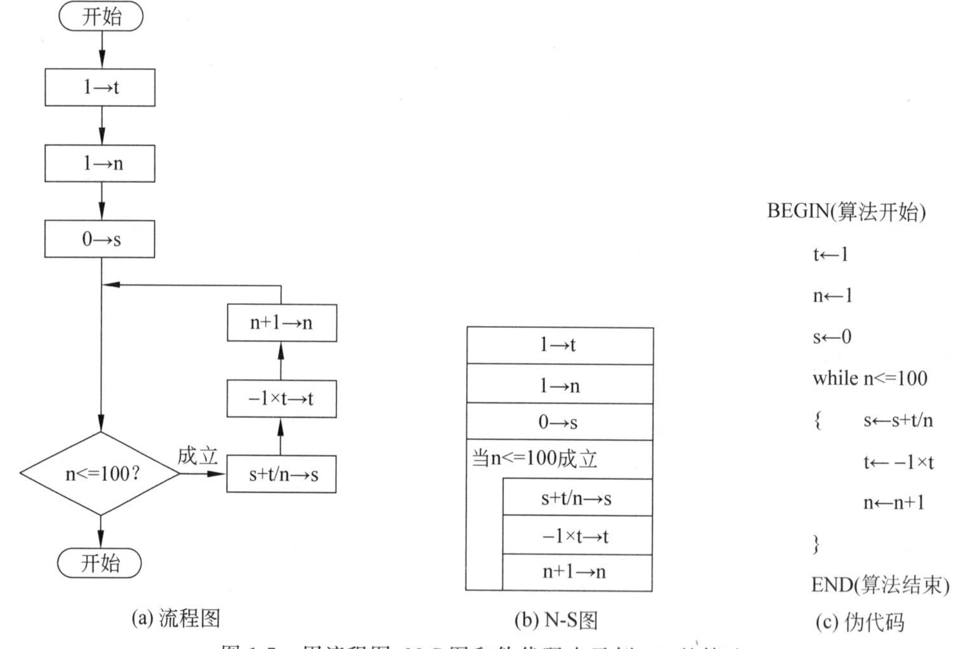

图 1.7 用流程图、N-S 图和伪代码表示例 1.5 的算法

1.4.4 程序设计技术

1. 结构化程序设计

结构化程序设计(Structured Programming)是进行以模块功能和处理过程设计为主的详细设计的基本原则。其概念最早由 E.W.Dijkstra 在 1965 年提出,是软件发展的一个重要里程碑。目前,结构化程序设计已经成为程序设计的主流方法,它的产生和发展形成了现代软件工程的基础。

结构化程序设计的基本思想是:

① 自顶向下、逐步细化；

② 模块化设计；

③ 使用3种基本结构。

结构化程序设计的显著特点是代码和数据分离，程序各个模块除了必要的信息交换外彼此独立。这种结构化方式可使程序层次清晰，便于使用、维护和调试。此外，对大型程序的开发，可以将不同的功能模块分给不同的编程人员去完成。

到目前为止，许多应用程序的开发仍在采用结构化程序设计技术和方法，即便是今天流行的面向对象程序设计中也不能完全脱离结构化程序设计。

2. 面向对象程序设计

结构化程序设计方法作为面向过程的设计方法，将解决问题的重点放在描述实现过程的细节上，使数据和对数据的操作分离，淡化了数据的主体地位。如果软件需要对数据结构进行修改或对程序进行扩充，那么所有相关的操作过程需要随之进行修改。对于大型软件来说，程序开发的效率难以提高，数据和过程之间的关系极其复杂混乱，从而限制了软件产业的发展。

面向对象程序设计（Object Oriented Programming，OOP）吸收了结构化程序设计的全部优点，以现实世界的实体作为对象，每个对象都有自身的属性和行为特征。对多个相同类型对象共同特性的抽象描述，形成面向对象方法中的类。

面向对象程序设计的思路和人们日常生活中处理问题的思路是相似的。当设计一个复杂软件系统时，一是确定该系统是由哪些对象组成的，并且设计所需的各种类和对象，即决定把哪些数据和操作封装在一起；二是考虑怎样向有关对象发送消息，以完成所需的任务。面向对象程序方法的特征是：

① 类和对象；

② 封装与信息隐蔽；

③ 抽象；

④ 继承与重用；

⑤ 多态性；

⑥ 消息传送与处理。

面向对象程序设计方法与面向过程结构化程序设计方法相比较，面向对象方法至少有3个优点：

① 面向对象技术采用对象描述现实问题，比较符合人类认识问题、分析问题和解决问题的一般规律；

② 通过信息隐藏、抽象、继承、重载技术，可以很容易修改、添加或删除现有对象属性，创建符合要求的对象；

③ 由于类包装了对象实现细节，在使用过程中只需要了解对象向外提供的接口，降低了代码的使用复杂性。

1.5 C#语言概述

1.5.1 C#语言的历史与特点

C#读作C Sharp,是微软公司在2000年6月发布的一种新的编程语言,主要由安德斯·海尔斯伯格(Anders Hejlsberg)主持开发。C#是第一个面向组件的编程语言,其源码会编译成微软中间代码MSIL再运行。它借鉴了Delphi的一个特点,与COM直接集成到一起,并且新增了许多功能及更实用的编码语法。

C#是由C和C++衍生出来的面向对象的编程语言,它在继承C和C++强大功能的同时去掉了一些它们的复杂特性,例如没有宏、不允许多重继承等。C#综合了Visual Basic简单的可视化操作和C++的高运行效率,以其强大的操作能力、优雅的语法风格、创新的语言特性和便捷的面向组件编程支持成为.NET开发的首选语言。

C#语言的发展过程经历了几个重要版本。C# 1.x提出了纯粹的面向对象概念,通过类类型、值类型和接口类型的概念形成了统一的类型系统。C# 2.0的最主要特性就是泛型编程能力,对泛型类型参数提出了"约束"的新概念,并以优雅的语法体现在语言之中。2005年9月的PDC大会提出的C# 3.0率先实现了LINQ(Language Integrated Query,语言集成查询),这是一种通过面向对象语法来实现对非面向对象数据源的查询技术,可查询的数据源从关系型数据库延伸到一般意义上的集合(如数组和列表)以及XML。C# 4.0新增dynamic关键字,提供动态编程(Dynamic Programming)支持。C# 5.0提供异步方法支持。C# 6.0更关注语法的改进,提供了只读自动属性、自动属性初始化表达式、Null条件运算符、字符串内嵌等许多可提高开发人员工作效率的功能。C# 7.0的功能主要是数据处理,让代码更简洁,让代码性能更高。C# 8.0新增默认接口方法、using变量声明、Null合并赋值等功能。C# 9.0新增init访问器、record修饰符,并支持顶级语句的使用。C# 10支持记录结构,并对属性模式、Lambda表达式、结构等进行大量的改进优化。本书仅介绍编程中常用的功能。

C#是兼顾系统开发和应用开发的最佳实用语言,并且很有可能成为编程语言历史上的第一个"全能"型语言。其主要特点如下。

(1) 语法简洁。C#中没有指针,并在CLR层面统一了数据类型,去除了C++语言中的语法冗余等。

(2) 优越的面向对象。C#具有面向对象的语言所应有的一切特性:封装、继承与多态性。同时,去除多重继承避免类型定义的混乱,取消全局函数减少命名冲突,提供从高级商业对象到系统应用的广泛组件支持。

(3) 支持跨平台开发。从C# 6.0版本起,C#不仅可以在Windows平台开发使用,也可以在Mac、Linux等操作系统以及手机、PDA等设备上使用。

(4) 开发多种类型的程序。使用C#语言不仅可以开发控制台应用程序,也能开发Windows应用程序、网站、手机应用、Unity游戏等多种应用程序。Visual Studio开发工具对多种类型程序的开发提供支持,极大地提高了开发效率。

(5) 与 Web 紧密结合。C# 组件能够方便地为 Web 服务,并允许它们通过 Internet 被运行在任何操作系统上的任何语言所调用。例如,C# 允许直接将 XML 数据映射成为结构。

(6) 完整的安全性与错误处理。C# 的先进设计思想可以消除软件开发中的许多常见错误,并提供了包括类型安全在内的完整的安全性能。

(7) 版本处理技术。C# 提供内置的版本支持来减少开发费用,使用 C# 将会使开发人员更加轻易地开发和维护各种软件。

(8) 灵活性和兼容性。C# 提供非安全代码模式来支持指针、结构和静态数组等的使用,并且调用这些非安全代码不会带来任何其他问题。它遵守.NET 公用语言规范 CLS,从而保证了 C# 组件与其他语言组件间的互操作性。引入元数据(Metadata)概念既保证了兼容性,又实现了类型安全。

1.5.2 C# 语言基本词法

C# 程序中所有字符都是 Unicode 字符序列,下面分别进行介绍。

1. C# 语言的标记字符集

C# 中的标记分为标识符、关键字、文本、运算符和标点符号。空白和注释不是标记,但它们可充当标记的分隔符。C# 语言规范中规定标记中允许使用的字符集合如下:

(1) 26 个小写英文字母及其 Unicode 转义序列(U+0061~U+007A)。

```
a b c d e f g h i j k l m n o p q r s t u v w x y z
```

(2) 26 个大写英文字母及其 Unicode 转义序列(U+0041~U+005A)。

```
A B C D E F G H I J K L M N O P Q R S T U V W X Y Z
```

(3) 10 个数字字符及其 Unicode 转义序列(U+0030~U+0039)。

```
0 1 2 3 4 5 6 7 8 9
```

(4) 下画线字符(U+005F)_和字符@(U+0040)。

(5) 组合字符及其 Unicode 转义序列,即 Unicode 编码表中类 Mn 或 Mc 的 Unicode 字符。

(6) 连接字符及其 Unicode 转义序列,即 Unicode 编码表中类 Pc 的 Unicode 字符。

(7) 格式设置字符及其 Unicode 转义序列,即 Unicode 编码表中类 Cf 的 Unicode 字符。

C# 程序中常用的字符及其 Unicode 编码的对应关系参见附录 A。

2. 空白符

空白符(White-space Character)是作为 C# 语言语法间隔的符号。C# 语言规范中规定空白被定义为任何含 Unicode 类 Zs 的字符(包括空白字符)以及水平制表符(U+0009)、垂直制表符(U+000B)和换页符(U+000C),并且注释可以当作语法间隔。

例如,“ABCD”是一个词语,而“AB CD”是两个词语。C#语言语法规定,连续多个空白符(同一个或多个任意组合)实际被看作一个,如连续多个空格与一个空格的间隔效果是一样的,一个 Tab 与一个空格的间隔效果是一样的,以此类推。

3. 行结束符

行结束符将 C# 源文件的字符划分为行。行结束符有 6 种:回车符(U+000D)、换行符(U+000A)、回车符(U+000D)后跟换行符(U+000A)、下一行符(U+0085)、行分隔符(U+2028)和段落分隔符(U+2029)。

4. 关键字

关键字又称为保留字,是对编译器具有特殊意义的预定义保留标识符。C#语言规范定义了 77 个关键字,主要包括各种修饰符、语句关键字、命名空间关键字、运算符关键字、转换关键字、访问关键字、文字关键字等,参见附录 C。

5. 标识符

与自然语言类似,C#语言使用各种词语描述名字要素。除关键字外,所有用来标识变量名、常量名、语句标号、函数名、数组名、类型名等的字符序列称为标识符(Identifier)。

C#语言标识符的命名规则如下。

(1) 标识符只能由大小写字母、数字、连接字符、组合字符、格式设置字符和下画线组成,且第一个字符必须是字母或下画线。

(2) 字母是区分大小写的,即大写字母和小写字母被认为是两个不同的字符。

(3) 标识符不能是 C#语言的关键字,除非在关键字前面加上@字符作为前缀。带@ 前缀的标识符称作逐字标识符(Verbatim Identifier)。

(4) C#语言标准没有具体规定标识符长度的限制,但应避免使用过长的标识符。

(5) C#语言对标识符的使用遵循“先说明,后使用”的规律,即在程序中使用了标识符,那么应该确定之前已有该标识符的定义或声明,否则会导致语法错误。

下面是合法的标识符:

```
i,j,avg,tagDATA,Student,nCount,MAX_SIZE,_LABEL,foo,func,DATE,@if
```

下面是不合法的标识符:

```
www.sina.cn,123,#456,3abc,a>b
```

实际编程中,标识符取名时应尽量做到“见其名知其意”,以增加程序的可读性。

1.5.3 简单的 C#程序

下面介绍几个简单的 C#程序,从中分析 C#程序的基本结构。

【例 1.6】 经典 C#程序,出自 C#语言规范 V4.0。

```
1    using System;                                    /*引用命名空间 System*/
2    class Hello                                      /*类定义*/
```

```
3    {
4        static void Main()                          /* Main方法 */
5        {
6            Console.WriteLine("Hello, world");     /* 输出 */
7        }
8    }
```

其中,左侧数字表示行号,右边是程序代码。请注意,行号不是程序的代码内容,仅是一个标注。本书印刷上给出行号标注,目的是使程序代码更清晰。

将上面的程序代码输入计算机,保存到源程序文件中,经过对源程序文件编译、连接、运行后在屏幕上输出以下信息:

```
Hello,world
```

程序第1行是一个 using 指令,它引用了 System 命名空间。命名空间提供了一种分层的方式来组织 C#程序和库。命名空间中包含类型及其他命名空间。例如,System 命名空间包含若干类型(例如此程序中引用的 Console 类)以及若干其他命名空间(如 IO 和 Collections)。如果使用 using 指令引用了某个已有的命名空间,就可以通过非限定方式使用该命名空间中的类型。比如在此程序中,使用 Console.WriteLine 这一简化形式代替 System.Console.WriteLine。

程序的第2行声明类 Hello,该类中只有一个成员,即程序中第4~7行名为 Main 的方法。一个 C#源程序可以包括一个或多个类,每个类中可以有多个成员,C#中类和方法都使用一对花括号{}来描述其开始和结束。此程序中 Main 方法使用 static 修饰符进行声明,称为静态方法。按照惯例,静态 Main 方法是程序的入口点。因此,每个 C#程序中都必须有且只能有一个静态 Main 方法。在后续章节中读者将会看到 C#中实例方法的使用。

程序的第6行通过使用 System 命名空间中的 Console 类的 WriteLine 方法产生该程序的输出,该类由.NET Framework 类库提供。注意,C#语言本身没有单独的运行库,.NET Framework 就是 C#的运行库。

第6行是 C#语言语句,需要用分号(;)结尾。其他部分不是语句,因此不能用分号(;)结尾。

程序中的(/*…*/)称为注释,即以斜线星号(/*)开始,以星号斜线(*/)结束的整块内容是注释。注释只是对程序代码的说明,对编译和运行不起任何作用。注释可以用英语、拼音、汉字或其他文字书写,可以写在程序中任何位置,语义上相当于一个空白符。

【例 1.7】 编写程序实现两个字符串的首尾连接。

```
1    using System;                                  /* 引入命名空间 System */
2    class Concat                                   /* 类定义 */
3    {
4        static void Main()                         /* Main方法 */
5        {
```

```
6          String s1, s2, result;          /*定义三个字符串型变量*/
7          s1=Console.ReadLine();          //借助键盘输入第一行字符给 s1
8          s2=Console.ReadLine();          //借助键盘输入第二行字符给 s2
9          result=s1+s2;                   //对两个字符串进行首尾相接后给 result
10         Console.WriteLine("{0}+{1}={2}",s1,s2,result);        //输出结果
11     }
12 }
```

程序第6行是Main方法的声明部分,定义了s1、s2、result为字符串型变量。第7行和第8行使用System命名空间中的Console类的ReadLine方法从控制台读取一行字符返回赋给s1和s2。第9行将字符串s1和字符串s2相加,即首尾相接后送到变量result中。第10行的含义是输出s1+s2的结果,其中,双引号中{0}、{1}、{2}是WriteLine方法的一种输出格式,"{n}"的书写形式相当于输出占位符,在真正输出时用逗号后的相应变量来替代,比如,该程序中将会使用s1替换掉{0}、s2替换掉{1}、result替换掉{2}。

本例使用了C#语言的另一种注释语法,即以双斜线(//)开始直至行末的内容是注释。实际编程中,简单注释使用(//),多行注释使用(/*…*/)。

程序运行时从键盘上输入:

```
Hello↙
,World↙
```

本书用(↙)表示输入回车,屏幕上输出以下信息:

```
Hello+,World=Hello,World
```

【例1.8】 编写程序,实现输入两个实数输出其中的较大值。

```
1  using System;                                        /*引入命名空间 System*/
2  class MaxValue                                       /*类定义*/
3  {
4      static double Max(double a, double b)            //Max 方法求较大值
5      {
6          if(a>b)
7              return a;
8          else
9              return b;
10     }
11     static void Main()                               //Main 方法
12     {
13         double a, b;                                 //定义两个双精度型变量
14         a=Convert.ToDouble(Console.ReadLine());      //输入双精度变量 a 的值
15         b=Convert.ToDouble(Console.ReadLine());      //输入双精度变量 b 的值
16         Console.WriteLine("The Max value is:{0}", Max(a, b));     //输出结果
17     }
```

```
18   }
```

此程序中定义了类 MaxValue，它包括两个方法成员。程序中第 11～17 行是静态方法 Main 的定义部分，第 13 行是 Main 方法的声明部分，定义了两个双精度型变量 a、b，为的是做比较运算。第 14、15 行调用类 Console 的 ReadLine 方法接收键盘输入的信息后，再使用 Convert 类的 ToDouble 方法将接收到的字符串型信息转换成双精度类型的数值送给 a、b 两个变量。第 16 行调用类 MaxValue 的静态成员方法 Max 求解 a、b 中的较大值并输出。

程序第 4～10 行是静态方法 Max。第 4 行是 Max 方法头，static 说明该方法是静态的，double 说明 Max 方法执行完后会给调用者返回双精度型值；括号内是方法的形式参数，表示调用 Max 函数需要提供两个参数。第 5～10 行是 Max 方法体，第 6～9 行判断 a>b 是否成立，若成立则返回 a 的值，否则返回 b 的值。

程序运行情况如下：

```
12↙
23↙
The Max value is:23
```

【例 1.9】 编写矩形类，实现求矩形面积和周长的功能。

```
1    using System;                                  /* 引入命名空间 System */
2    namespace ConsoleApplication1                  /* 命名空间定义 */
3    {
4        class Rectangle                            /* 类 Rectangle 定义 */
5        {
6            private double length, width;          //矩形的长和宽
7            public Rectangle(double x, double y)   //构造函数，初始化矩形的长和宽
8            {
9                length=x;
10               width=y;
11           }
12           public double Area()                   //计算并返回矩形面积
13           {
14               return length * width;
15           }
16           public double Perimeter()              //计算并返回矩形周长
17           {
18               return 2 * (length+width);
19           }
20       }
21       class Test                                 /* 类 Test 定义 */
22       {
23           static void Main()                     //Main 方法
```

```
24          {
25              Rectangle a=new Rectangle(7.6,4.5);    //创建矩形类对象 a
26              Console.WriteLine("Area:{0}", a.Area());
                                                        //调用函数 Area 计算矩形面积
27              Console.WriteLine("Perimeter:{0}",a.Perimeter());
                                              /* 调用函数 Perimeter 计算矩形周长 */
28          }
29      }
30  }
```

此程序中定义了两个类 Rectangle 和 Test,并通过程序第 2 行的命名空间定义将 Rectangle 类和 Test 类放置在命名空间 ConsoleApplication1 内。命名空间提供了一种从逻辑上组织类的方式,防止命名冲突。如果未显式声明命名空间,则会创建默认命名空间,称为全局命名空间。全局命名空间中的任何标识符都可用于命名的命名空间中。

程序第 4~20 行定义了类 Rectangle。第 6 行定义了该类的字段,字段是类的一种数据成员。private 是字符的访问修饰符,表明所定义的字段是类 Rectangle 的私有成员,其他类不能看见或访问它们;double 是字段的类型标识符,表示这个字段是双精度类型。程序第 7~19 行定义了类 Rectangle 的函数成员,即类的构造函数 Rectangle、类的实例方法 Area 和 Perimeter,分别实现矩形长和宽的初始化、矩形面积的计算和矩形周长的计算。类 Rectangle 的 3 个函数成员全部使用 public 来定义访问权限,因此它们可以被程序中的其他对象访问。

程序第 21~28 行定义类 Test,该类只有一个成员,即静态方法 Main,用来实现对类 Rectangle 的使用。第 25 行借助类 Rectangle 的构造函数定义该类的对象 a,对象 a 所描述的矩形类实例长、宽分别被初始化为 7.6 和 4.5。第 26 行借助对象 a 调用类 Rectangle 的实例方法 Area 实现对矩形面积的计算,第 27 行调用类的 Perimeter 方法实现矩形周长的计算。

程序运行情况如下:

```
Area:34.2↙
Perimeter:24.2
```

【例 1.10】 设计一个 C# 的 Windows 窗体应用程序,编写窗体类,实现根据输入的圆半径画圆的功能。

使用 Visual Studio 创建一个 C# 的 Windows 窗体应用程序,在默认生成的窗体上放置一个标签控件、一个文本框控件和一个命令按钮控件,对命令按钮的单击事件过程进行如下编程:

```
1   private void button1_Click(object sender, EventArgs e)
2   {
3           int r;
4           r=Convert.ToInt32(textBox1.Text);       //从文本框中获取圆的半径值
5           Graphics gra=this.CreateGraphics();
```

```
6            Brush bush=new SolidBrush(Color.Blue);  //设置圆的填充色为蓝色
7            gra.FillEllipse(bush, 0, 0, 2 * r, 2 * r);  //画圆
8    }
```

本节前 4 个示例是 C# 的控制台应用程序，本示例演示 C# 的 Windows 应用程序基本框架。C# 中提供了事件机制，当某个对象发生了某些操作时，它会自动把这个操作通知给关注此操作的其他对象。C# 的 WinForm 应用开发中提供了大量现成的组件和控件，它们具有一些预定义的事件。当开发者希望对控件做出某种操作后程序完成相应的功能时，只需要对控件的相应事件进行编程即可。

此程序中对按钮的单击事件 button1_Click 进行编程，当用户单击名称为 button1 的命令按钮时运行该事件中的所有代码。程序第 3 行为该事件的声明部分，定义了名称为 r 的 int 型变量，第 4 行实现从应用程序界面的文本框中获取 r 值的功能，第 5～7 行创建绘图对象 gra 和画刷对象 bush，并借助类 Graphics 的 FillEllipse 方法按照 r 值绘制相应大小的圆。

图 1.8　程序运行图

程序的运行情况如图 1.8 所示。

1.5.4　C# 程序基本结构

通过上述几个例子，可以看到一个 C# 程序是由若干类型构成的，最重要的类型是类。C# 的类声明中可以包含零个或多个数据成员以及零个或多个函数成员，每个函数成员由若干语句组成。

1. 类结构

C# 程序类的一般形式为

```
class  类名
{
    成员定义                              //如字段定义、方法定义等
}
```

程序中类较多时可以创建命名空间对类进行逻辑组织，从而避免命名冲突。

2. 方法结构

方法是类中最常见、最有用的一类成员，包括实例方法和静态方法两种，实现对类或对象的数据进行操作。方法头由访问修饰符、方法返回值类型、方法名、形式参数列表组成。其中，方法返回值类型描述该方法返回值的类型，无返回值时为 void；方法名代表该方法，其后紧跟一对圆括号()，括号内表示该方法的调用参数。方法可以没有参数，但一对圆括号不能省略。方法体由一对大括号{}组成，包括声明部分和执行语句，且声明部分必须放置在任何可执行语句的前面。

方法的一般形式如下：

```
[static] 访问修饰符  方法返回值类型 方法名(方法参数列表)
{
    声明部分
    执行语句
}
```

3. C# 程序结构

C# 中的组织结构的关键概念是程序(program)、命名空间(namespace)、类型(type)、成员(member)和程序集(assembly)。C# 程序由一个或多个源文件组成。程序中声明类型,如类。类型包含成员,如字段、方法。类型可按命名空间进行组织。在编译 C# 程序时,它们被物理地打包为程序集。程序集通常具有文件扩展名 exe 或 dll,具体取决于它们是实现应用程序(application)还是实现库(library)。

在编译由多个文件组成的 C# 程序时,所有源文件将一起处理,并且源文件可以自由地相互引用。从概念上讲,就像是在处理之前将所有源文件合并为一个大文件。C# 中不需要前向声明,因为除了极少数的例外情况,声明顺序无关紧要。C# 不限制一个源文件只能声明一个公共类型,也不要求源文件的名称与该源文件中声明的类型匹配。

1.5.5 C# 程序开发步骤

为了编译、连接和运行 C# 程序,必须要有相应的编译器。目前常用的编译器主要有 CSC 和 mcs,这些编译器已经被包含在集成开发环境(Integrated Development Environment, IDE)中,IDE 将程序的编辑、编译、连接和运行、调试等操作集中到一个界面上,功能丰富,使用简捷,直观易用。本书推荐使用 CSC,集成开发环境采用 Visual Studio 2022,如图 1.9 所示。

使用 C# 语言开发一个控制台应用程序大致经过以下步骤。

1. 程序设计

首先要根据实际问题确定编程的思路,包括选用适当的数学模型和数据描述。

2. 设计代码

根据前述思路或数学模型编写程序。除了非常简单的问题可以直接写出相应的 C# 程序之外(在值得使用计算机解决的应用问题中,这种情况并不多见),一般都采用结构化程序设计方法或面向对象程序设计技术来编程。

3. 编辑源程序

将源程序输入计算机中,这项工作可以通过任何一种文本编辑工具(如 notepad++)完成。输入的源程序一般以文件的形式存放在磁盘上,后缀名是 cs。

4. 编译和连接

编译器(CSC 或 mcs)对源程序文件先进行预处理、编译,然后连接生成可执行文件,

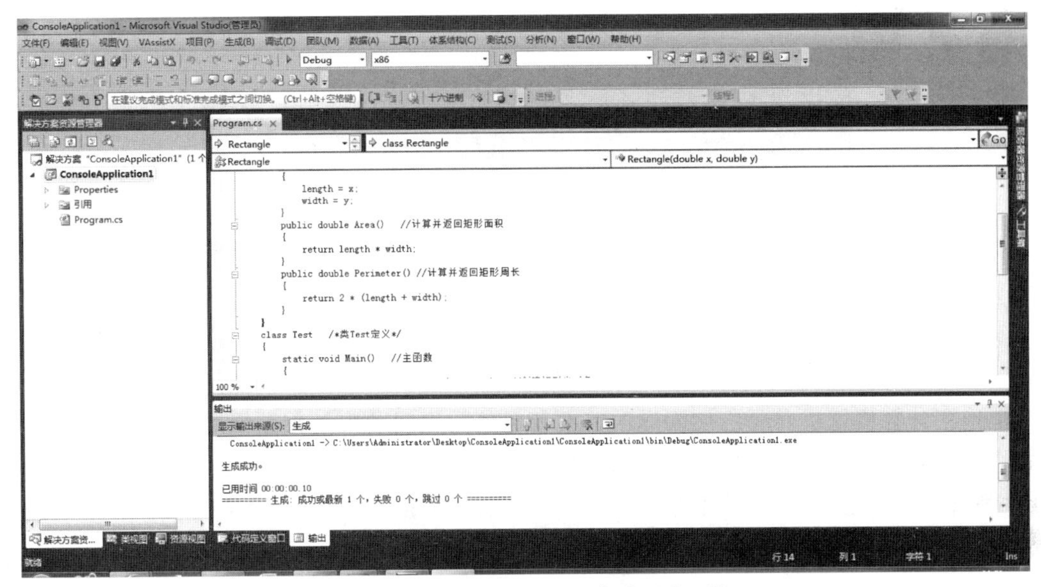

图 1.9　Visual Studio 2022 集成开发环境

后缀名为 exe。在这个过程中，若出现编译错误和连接错误，则需要重复第 3、4 步直到修正所有错误。

5. 运行和调试

通过反复运行和调试程序，直到消除所有运行错误。在调试过程中应该精心选择典型数据进行试算，避免因调试数据不能反映实际数据的特征而引起计算偏差和运行错误。

习题

1. 简述冯·诺依曼体系计算机系统的组成及工作原理。
2. 指令、程序和软件有什么区别?
3. 从互联网上查询目前编程语言的排行情况，并了解较流行的编程语言的特点。
4. 简述进制之间转换的方法，并尝试将 7.19、2013、1030 转换成二进制、八进制、十六进制。
5. 简述补码的表示规则。假设机器数占 16 位，写出补码 ABCDH 表示的十进制数是多少。
6. 比较各种算法表示的特点，尝试使用流程图表示出 $\sum_{n=1}^{100} n!$ 的求解算法。
7. 简述 C# 语言标识符的语法规则。
8. 按照 C# 程序的开发步骤将 1.5.3 节的 5 个例题在 Visual Studio 中实现。

第2章 将简单数据与计算引入C#

使用计算机解决实际应用问题的首要任务就是把问题中的数据使用计算机识别的方式描述。实际应用中的数据内容丰富、种类繁多。本章将对简单数据及相关的运算引入C#程序的方法进行探讨,内容包括简单数据类型、变量、常量以及运算符与表达式、赋值和类型转换。

2.1 数据类型

计算机中处理的数据既可以是数值,也可以是文字。由于计算机存储数值和文字的形式不同,造成了对它们的处理方式也不相同。因此,编程时需要明确指出所处理数据的类型。C#语言的数据类型分为两大类:值类型和引用类型,如图2.1所示。值类型直接存储所包含的数据,分为简单类型、枚举类型、结构类型和可以为 null 的类型,以及 C# 7.0 中增加的元组类型;引用类型则存储对数据的引用,分为类类型、接口类型、数组类型、委托类型,以及 C# 9.0 提出的 record 类型(C# 9.0 提出的 record 类型是引用类型,C# 10.0 提出的 record struct 类型是值类型,因此 record 等同于 record class 类型)。这里介绍简单的值类型和字符串类型。

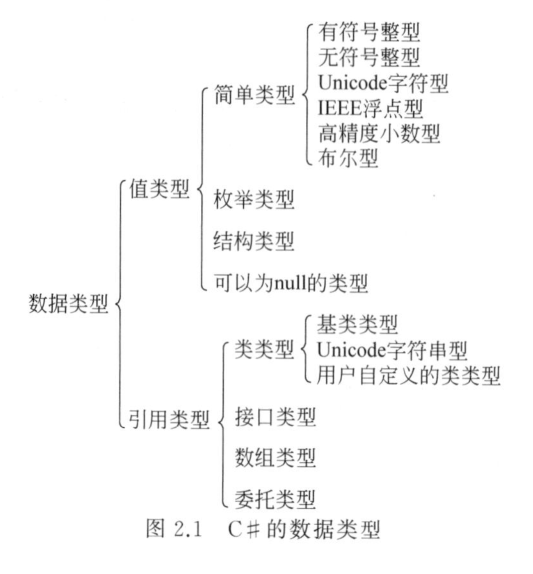

图2.1 C#的数据类型

2.1.1　整型

整数是实际应用中常见的一种信息，C＃语言针对这些数据形成了丰富的整型。C＃中的整型分为有符号和无符号两大类，有符号整型用以描述有正负之分的整数类型信息，而无符号整型用以描述永远不会小于零的整数。对于有符号整型，C＃编译器使用整型数据的高阶位作为符号标志，符号标志为0表示正整数，符号标志为1表示负整数。根据数据在内存中分配的空间大小，C＃进一步把整型分成8个类型，如表2.1所示。

表2.1　整型数值类型

类　别	位数	类型标识符	范　围
有符号整型	8	sbyte	－128～127
	16	short	－32 768～32 767
	32	int	－2 147 483 648～2 147 483 647
	64	long	－9 223 372 036 854 775 808～9 223 372 036 854 775 807
无符号整型	8	byte	0～255
	16	ushort	0～65 535
	32	uint	0～4 294 967 295
	64	ulong	0～18 446 744 073 709 551 615

每个整型类型都具有特定的表数范围，超过该类型表数范围的数据存入为该类型数据分配的内存空间时将会发生溢出现象。发生溢出时，系统会自动把数据的二进制结果进行高位截断，以适应存储空间的大小。因此，为了保证数据的正确性，一定要选择合适的类型。

【例2.1】　整型的常用属性和方法。

程序代码如下：

```
1   using System;
2   class IntegerExample
3   {
4       static void Main()
5       {
6           Console.WriteLine("sbyte:{0}~{1}", sbyte.MinValue, sbyte.MaxValue);
7           Console.WriteLine("short:{0}~{1}", short.MinValue, short.MaxValue);
8           Console.WriteLine("int:{0}~{1}", int.MinValue, int.MaxValue);
9           Console.WriteLine("uint:{0}~{1}", uint.MinValue, uint.MaxValue);
10          Console.WriteLine("ulong:{0}~{1}", ulong.MinValue, ulong.MaxValue);
11          Console.WriteLine("13==oxD: {0}", int.Equals(13, 0xD));
12      }
13  }
```

各整型提供了一些常用的属性和方法，如属性MinValue和MaxValue表示该类型能够描述的最小数值和最大数值、Equals 方法用以判断两个数值是否相等。其属性和方法的使用如上述程序所示,该程序运行结果如下:

```
sbyte:-128~127
short: - 32768~32767
int: - 2147483648~2147483647
uint: 0~4294967295
ulong: 0~18446744073709551615
13==oxD:True
```

2.1.2 实数型

C#中除了有上述整型数值外,还有 3 个实数类型,分别是浮点型 float 和 double 以及高精度小数型 decimal,各类型的表数范围和精度如表 2.2 所示。其中,float 是 32 位的单精度小数类型,double 是 64 位的双精度小数型,而 decimal 表示 128 位的高精度小数型,它具有比 float 和 double 类型更高的精度和更小的范围,因此更适于财务和货币计算。

表 2.2 实数数值类型

类 别	位数	类型标识符	范围/精度
IEEE 浮点型	32	float	$-3.4\times10^{38}\sim+3.4\times10^{38}$,7 位精度
	64	double	$\pm5.0\times10^{-324}\sim\pm1.7\times10^{308}$,15 位或 16 位精度
高精度小数型	128	decimal	$(-7.9\times10^{28}-7.9\times10^{28})/(10^{0\sim28})$,28 位或 29 位精度

与整型一样,当超过实数类型表数范围的数据存入为该类型数据分配的内存空间时将会发生溢出现象。因此,使用实数类型时,同样需要为被处理的数据精心选择数据类型。由于实数类型数据的长度和精度是有限的,所以使用时会存在舍入误差和计算误差。虽然数据的精度越高计算结果越准确,但是其处理时间也会变长。

【例 2.2】 实型的常用属性和方法。

程序代码如下:

```
1   using System;
2   class RealExample
3   {
4       static void Main()
5       {
6           Console.WriteLine("float:{0}~{1}", float.MinValue, float.MaxValue);
7           Console.WriteLine("3.1==3+0.1:{0}", double.Equals(3.1, 3+0.1));
8           Console.WriteLine("{0}", double.IsPositiveInfinity(-333333333.0));
9           Console.WriteLine("2.0+3.0={0}", decimal.Add(2.0m, 3.0m));
10      }
11  }
```

和整型一样，各实型也提供了一些常用的属性和方法，如属性 MinValue 和 MaxValue 表示该类型能够描述的最小数值和最大数值、Equals 方法用以判断两个数值是否相等、IsPositiveInfinity 方法用以判定给定的数值是否为负无穷大。其属性和方法的使用如上述程序所示，该程序运行结果如下：

```
float:-3.402823E+38~3.402823E+38
3.1==3+0.1:True
False
2.0+3.0=5.0
```

2.1.3 字符和字符串

实际应用中除了整数和实数信息外，还经常使用一些文本信息。对此，C# 提供了字符和字符串类型来描述这类信息。C# 内置支持 Unicode，Unicode 是一种国际公认和通用的标准字符编码标准，使用该字符编码的好处是可轻松编写全球通用的程序，不足之处是每个 Unicode 标准字符占据 2B，存储空间会有所浪费。

C# 的字符类型记为 char，可表示中文字符、英文字符或者数字等。char 类型数据在内存中占 2B，因此 char 类型最多可描述 2^{16} 即 65 536 个符号，其取值范围为 0～65 535，超过取值范围的数据存储时会发生溢出现象。

C# 的字符串类型记为 string，它用以描述包含零个、一个或多个 Unicode 标准字符的字符序列。

【例 2.3】 字符和字符串类型的常用属性和方法。

程序代码如下：

```
1   using System;
2   class UnicodeExample
3   {
4       static void Main()
5       {
6           Console.WriteLine("The min char:{0}",(int)(char.MinValue));
7           Console.WriteLine("The max char:{0}",(int)(char.MaxValue));
8           Console.WriteLine("'a' is letter?{0}",char.IsLetter('a'));
9           Console.WriteLine("'9' is digit?{0}",char.IsDigit('9'));
10          Console.WriteLine("'A' is upper?{0}",char.IsUpper('A'));
11          Console.WriteLine("'A' is lower?{0}", char.IsLower('A'));
12          Console.WriteLine("'F' is Number?{0}", char.IsNumber('F'));
13          Console.WriteLine("\"he\"==\"He\"?{0}", string.Equals("he","He"));
14          Console.WriteLine("{0}", string.Concat("hello", " world"));
15      }
16  }
```

char 类型的 MinValue 和 MaxValue 属性同样描述该类型能够表示的最小值和最大值，其常用方法包括判断某个字符是否为字母的 IsLetter 方法、判断某个字符是否为十进制数字的 IsDigit 方法等。string 类型也提供了用以比较两个字符串是否相等的 Equals 方法、用以连接字符串的 Concat 方法等。字符和字符串类型属性和方法的使用如上述程序所示，该程序运行结果如下：

```
The min char:0
The max char:65535
'a' is letter? True
'9' is digit? True
'A' is upper? True
'A' is lower? False
'F' is Number? False
"he"=="He"? False
Hello world
```

2.1.4 布尔型

对于实际应用中“真”和“假”、“成立”和“不成立”或“存在”和“不存在”的情况，C# 采用布尔类型来进行描述。布尔类型的类型标识符为 bool，可能值为 true 和 false，其中，true 用以表示“真”“成立”或“存在”的情况，而 false 则表示“假”“不成立”或“不存在”。

bool 类型数据在内存中占 1B，并且不能和整数 1 与 0 转换，即试图使用 0 表示 false 或者使用非 0 值表示 true 都是不允许的。

2.2 常量

常量就是值固定不变的量。从数据类型角度来看，常量的类型可以是任何一种值类型或引用类型。C# 中的常量分为字面常量和符号常量两种，字面常量指直接写出具体内容，而符号常量则指为了编程和阅读的方便，给用到的常量起名并在程序中使用该名称代替该常量的具体内容。这里对 C# 的字面常量以及符号常量的使用进行介绍。

2.2.1 整数字面常量

C# 中整数字面常量用于编写类型 int、uint、long 和 ulong 的值，有两种可能的形式：十进制和十六进制。

十进制类型的整数字面常量数值部分可包含一个或多个 0～9 的十进制数字，十六进制类型的整数字面常量数值部分可包括一个或多个 0～9、A～F 或 a～f 十六进制数字。整数数值前可添加用以描述数值正负的＋、－符号，当为正数时，符号部分可以省略。同时为了表示某个整数字面常量为十六进制类型，还需要在整数前加上相应的进制前缀 0x 或 0X。另外，也可以在整数后加上相应的数据类型后缀告诉系统以什么类型识别当前数据，如 U、u 标记 uint 或 ulong 类型，L、l 标记 long 或 ulong 类型，UL、ul、Ul、uL、LU、lU、Lu 和 lu 标记 ulong 类型。下面是一些整数字面常量的正确示例。

十进制整数：23，68u，12345678L，123456789ul

十六进制整数：0x12，0x3ae5u，0X56ABCDL

如果整数后没有任何类型后缀，则它属于 int、uint、long 和 ulong 中第一个能表示该数值的那个类型。如果该整数超出 ulong 类型的表数范围，则发生编译错误。

如果整数带有后缀 u 或 U，则属于 uint 和 ulong 中第一个能表示该数值的那个类型。如果它带有后缀 l 或 L，则属于 long 和 ulong 中第一个能表示该数值的那个类型。由于小写字母 l 和数字 1 极其容易混淆，所以书写 long 类型的整数时应尽量使用后缀 L。

2.2.2　实数字面常量

C# 中实数字面常量用于编写类型 float、double 和 decimal 的值。

一个实数字面常量包括符号、数值以及类型后缀 3 部分。

符号部分有＋和－两种，＋表示正数，－表示负数，当为正数时，符号部分可以省略。

数值部分有两种表示方式：小数形式和指数形式。使用小数形式描述时数值部分可包括一个或多个十进制数字和零个或一个小数点，如 1.9、15 等。注意在实数中，小数点后必须始终是十进制数字。例如，1.3F 是实数，但 1.F 不是。指数形式又称为科学记数法，使用指数形式描述时，数据的描述被分为 3 部分：尾数、底数和指数。尾数部分描述该数值的数字信息，底数部分为 e 或 E，描述尾数的加权标准，指数部分为十进制整数，描述尾数的加权值，如 1e10、0.8E5。

类型后缀描述该实数数值的真正数据类型，可以使用的类型后缀有 F、f、D、d、M 和 m。其中，F、f 标记类型 float。例如，实数 1f、1.5f、1e10f 和 123.456F 的类型都是 float。D 或 d 标记类型 double。例如，实数 1d、1.5d、1e10d 和 123.456D 的类型都是 double。M 或 m 标记类型 decimal。例如，实数 1m、1.5m、1e10m 和 123.456M 的类型都是 decimal。如果未指定类型后缀，则默认该实数为 double 类型。

2.2.3　字符字面常量

C# 中字符字面常量用于编写类型 char 的值，它用来表示单个字符，通常由位于一对单引号中的一个字符组成，如'a'。

字符字面常量包括单个字符、简单转义序列、十六进制转义序列和 Unicode 转义序列 4 种形式。单个字符可以是除单引号、反斜杠和换行字符之外的任何字符，如'@'、'A' 和 '量'等都是正确的字符字面常量。使用转义序列描述的字符字面常量如表 2.3 所示。

表 2.3　各种转义序列所描述的字符及含义

类　别	转义序列内容	Unicode 编码	含　　义
简单转义序列	\'	0x0027	单引号
	\"	0x0022	双引号
	\\	0x005C	反斜杠
	\0	0x0000	null，常用作字符串结束标识
	\a	0x0007	警报

续表

类　别	转义序列内容	Unicode 编码	含　　义
简单转义序列	\b	0x0008	退格
	\t	0x0009	水平制表符
	\n	0x000A	换行
	\v	0x000B	垂直制表符
	\f	0x000C	换页
	\r	0x000D	回车
十六进制转义序列	\xHHHH	0xHHHH	表示 Unicode 编码为 0xHHHH 的字符,其中,\x 后可跟 1～4 位十六进制数字,范围为\x0000～\xFFFF
Unicode 转义序列	\uHHHH	0xHHHH	表示 Unicode 编码为 0xHHHH 的字符,其中,U＋后可跟 1～4 位十六进制数字,范围为\u0000～\uFFFF

2.2.4　字符串字面常量

C＃中字符串字面常量用于编写类型 string 的值。C＃支持两种形式的字符串：常规字符串和原义字符串。

常规字符串由包含在双引号中的零个、一个或多个 Unicode 字符组成,并且可以包含简单转义序列、十六进制转义序列和 Unicode 转义序列,如"hello"、"你好,欢迎进入 C＃编程世界!"、"Hello \n world!"、"Hello \x000A world!"和"Hello \u000A world!"等都是有效的常规字符串。

原义字符串由@字符及包含在双引号中的零个、一个或多个 Unicode 字符组成,双引号内也可以包含简单转义序列、十六进制转义序列和 Unicode 转义序列,如 @"hello"。在原义字符串中,双引号之间除了双引号转义序列之外的字符逐字解释,即在原义字符串中不处理简单转义序列、十六进制转义序列和 Unicode 转义序列,同时原义字符串可以跨多行书写。

例 2.4 描述了常规字符串和原义字符串的差别。

【例 2.4】 常规字符串和原义字符串。

程序代码如下：

```
1    using System;
2    class StringExample
3    {
4        static void Main(string[] args)
5        {
6            Console.WriteLine("hello, world!");
7            Console.WriteLine("Hello  \u000A world!");
8            Console.WriteLine(@"Hello  \u000A world!");
9            Console.WriteLine("Joe said \t\"Hello\"\n to me");
10           Console.WriteLine(@"Joe said \t""Hello""\n to me");
```

```
11        }
12    }
```

上述程序的输出结果如下：

```
hello,world!
hello
world!
hello \u000A world!
Joe said        "hello"
to me
Joe said \t"hello"\n to me
```

2.2.5 符号常量

在 C# 中,如果一个值多次出现或者表示一种特殊含义,且其值是一个固定值,则可为了编程和阅读的方便为其命名,定义为符号常量。在 C# 中,常通过 const 关键字和数据类型来声明符号常量。声明语法如下：

```
const 常量类型 常量名=常量值;
```

常量类型可以是简单类型、字符串类型、枚举类型或引用类型,常量名的命名规则遵循 C# 标识符命名规则,常量值为与常量类型相同或能隐式转换为该类型的字面常量或运算结果。一旦符号常量被正确定义后,在程序中就可以使用常量名代替具体的常量值来参与各种运算和操作。

下面是几个符号常量的声明示例：

```
const double PI=3.1415926;   //定义类型为 double,名称为 PI,值为 3.1415926 的符号常量
const string ADDRESS="陕西省西安市"+"友谊西路 127 号";
 /*定义类型为 string,名称为 ADDRESS,值为"陕西省西安市友谊西路 127 号"的符号常量*/
const uint RETIREMENT=60;  //定义类型为 uint,名称为 RETIREMENT,值为 60 的符号常量
const double GOLDEN=1-0.382; //定义类型为 double,名称为 GOLDEN,值为 0.618 的符号常量
const object o=null;         //定义类型为 object,名称为 o 的 null 引用
```

虽然 readonly 关键字也可以用来声明符号常量,但它与 const 关键字声明的常量有较大的差别。const 关键字声明的常量必须在定义时赋值,经过编译后值被固定,任何在 const 符号常量定义之外的常量值修改都将引起编译错误;而 readonly 声明的常量可以在运行时确定值。

2.3 变量

程序对数据进行读、写、运算等操作的过程中,有时需要保存特定的值或计算结果,就需要用到变量。

2.3.1 变量的概念

在用户看来,变量是用来描述一条信息的名称,在变量中可以存储各种类型的信息,

例如,人的姓名、车票的价格、文件的长度等。

在计算机中,变量代表存储地址,变量的类型决定了存储在变量中数值的类型,同时决定了变量所占据的存储空间大小。通过对变量进行运算和赋值可以更改变量的值。

C#包括7类变量:静态变量、实例变量、数组元素、值参数、引用参数、输出参数和局部变量。这里介绍局部变量的定义和使用。

2.3.2 定义变量

C#中规定变量必须“先定义后使用”。变量的定义语法如下:

```
变量类型 变量名;
```

其中,变量类型可以是C#中支持的任何数据类型或var,变量名的命名规则遵循C#中标识符的命名规则。以下语句都是正确的变量定义:

```
int a;                      //定义类型为int,名称为a的变量
char c;                     //定义类型为char,名称为c的变量
string s;                   //定义类型为string,名称为s的变量
```

如果程序中需要用到多个相同数据类型的变量,则可以使用多重变量的定义方法进行声明。定义语法如下:

```
变量类型  变量名1,变量名2,…,变量名n;
```

以下语句声明了3个int类型的变量,变量名分别为x、y、z。

```
int x, y, z;                //定义名称为x,y,z,类型为int的3个变量
```

2.3.3 使用变量

变量定义完后就可使用。对变量的使用主要包括变量的初始化、变量的赋值和变量的引用。变量初始化指在变量定义时指定变量的值,对变量的赋值则是变量定义后改变变量值的一种方法,引用变量是由变量名代替具体的变量值参与各种运算和操作。

变量初始化语法如下:

```
变量类型 变量名= 变量值;
```

变量值为与变量类型相同或能隐式转换为该类型的常量、已被定义并赋值的类型相同或能隐式转换为该类型的变量,或由它们作为操作数构成的表达式。

在进行多重变量声明时也可以对其中的一个或多个变量进行初始化赋值,语法是定义时把需要初始化的变量的“变量名”换成“变量名=变量值”。变量初始化的示例如下:

```
const double PI=3.14;
int a=1;                    //定义类型为int、名称为a、初始值为1的变量
int u=a+8;                  //定义类型为uint、名称为u、初始值为a+8即9的变量
float f=5+3;                //定义类型为float、名称为f、初始值为8的变量
char c='A';                 //定义类型为char、名称为c、初始值为'A'的变量
```

```
double d1=PI, d2=PI+3;    /* 定义类型为 double 的变量 d1,d2,d1 的初始值为符号常量 PI
                              的值,记为 3.14,d2 初始值为 6.14 */
```

变量的赋值一般用在定义变量时没有指定初始值或在程序运行中需要更改变量值的情况,其语法如下:

```
变量名= 变量值;
```

变量值的要求与进行变量初始化时的要求相同。如下所示都是正确的变量赋值:

```
const int ZERO=0;
int a, i=9;                //定义类型为 int,名称为 a,i 的变量,其中变量 i 的初始值为 9
a=3;                       //给变量 a 赋值 3
a=9 -'A';                  //给变量 a 赋值 9-'A',即-56
a=i-1;                     //给变量 a 赋值 i-1,即 8
a=ZERO+10;                 //给变量 a 赋值 ZERO+10,即 10
```

引用变量用在需要处理和操作程序运行实时值的情况。下面是正确的变量引用示例。

```
int a, i=9;                //定义类型为 int,名称为 a,i 的变量,其中变量 i 的初始值为 9
a=3+i;                     //引用变量 i,将 i 的实时值 9 与 3 相加后给变量 a 赋值
Console.WriteLine("a is {0}",a);     //引用变量 a,输出 a 的实时值 12
Console.WriteLine("a==12? {0}",int.Equals(a,12));
                 /* 变量 a 作为方法 Equals 的实际参数,判断 a 的实时值与 12 是否相等 */
```

从 C# 3.0 之后,增加了一种新的变量定义方式:使用 var 关键字来定义隐式类型变量。在这种声明中需要借助变量的初始赋值推断其真实类型,因此声明隐式类型变量时必须对变量进行初始化。隐式类型变量的定义示例如下:

```
var i=10;          //声明隐式类型变量 i,根据其初始化值 10 可推断 i 的真实类型为 int
var d=3.1415;      //声明隐式类型变量 d,根据其初始化值 3.1415 可推断 d 的真实类型为 double
```

C# 4.0 增加了对 dynamic 类型(动态类型)的支持,dynamic 类型的变量可以重新被赋值为其他类型而不会出错。重新赋值后,变量的类型也会改成实际的类型。

```
dynamic i=10;                //声明动态类型变量 i,i 存储的实际数据的类型为 int32
dynamic i="hello world";     //重新给 i 赋值为 string,i 的类型被改变
```

2.3.4　可空类型

有时,变量在程序运行过程中,值有可能为 null,借助 null 明确告诉系统该变量未被初始化并且未被赋值。定义这种值可以为 null 的变量需要使用 C# 提供的可空类型。可空类型可以表示基础类型的所有值和 null,定义可空类型变量的语法如下:

```
变量类型? 变量名;
```

变量类型可以是 C# 类型系统中的简单类型、枚举类型和结构类型,但不能为引用类

型。下面是正确的可空类型变量的定义示例:

```
int? i ;
double? d1=3.14;
bool? flag=null;
char? letter='a';
```

使用可空类型变量时,C#提供了两种方法测试变量值是否为 null 以避免变量的错误引用。第一种方法使用可空类型的两个只读属性 HasValue 和 Value,当变量包含非 null 值时其 HasValue 属性值为 true,否则该属性值为 false。只有 HasValue 属性值为 true 时才允许访问可空变量的 value 属性来获得变量的实际值。第二种方法是通过将可空类型变量的值与 null 做比较,只有变量值不等于 null 时才允许访问该变量的实际值。

2.4 运算符与表达式

要对数据进行各种计算处理,需要了解 C# 中实现的各种运算。这里对 C# 的运算符和表达式进行介绍。

2.4.1 运算符与表达式的概念

在 C# 中,运算符是术语或符号,用以表明数值或者表达式的运算规则。运算符所操作的数值或表达式称为操作数。接受一个操作数的运算符称为一元运算符,例如取负运算符-、自增运算符++。接受两个操作数的运算符称为二元运算符,例如算术运算符+、-、*、/。条件运算符(?:)接受 3 个操作数,是 C# 中唯一的三元运算符。C# 运算符对操作数的形式和数据类型都有要求,如二元运算符一般要求其两个操作数类型相同,或两个操作数类型能隐式转换为同一类型、逻辑运算的操作数只能为 bool 类型等。

根据运算的类型,可把运算符分为算术运算符、位运算符、赋值运算符、关系运算符、逻辑运算符、条件运算符等。

由操作数和运算符构成的式子称为表达式。表达式中的运算符指示对操作数采用什么运算,可以是 C# 系统中的任何运算符。表达式的操作数可以是常量、变量、方法调用或另一个表达式。表达式的运算结果称为表达式的值。

表达式的种类与运算符的种类有关,根据 C# 中的运算类型可把表达式分为算术表达式、关系表达式、逻辑表达式、赋值表达式、条件表达式和复合表达式等。如下所示都是 C# 中正确的表达式:

```
3+5                          //算术表达式
S="hello world!"             //赋值表达式
a>b                          //关系表达式
(a>b)&&(a>c)                 //逻辑表达式
```

当表达式中包含多个运算符时,具体的运算策略需要参照运算符的优先级和结合性。

同一个表达式中不同的运算符进行计算时,其运算次序存在先后之分,称为运算符的优先级。运算符的优先级控制各运算符的计算顺序。例如，表达式 x+y * z 先计算y * z，然后其乘积与 x 相加，因为 * 运算符的优先级比+运算符高。一般地，单目运算符的优先级高于双目运算符。

在一个表达式中，如果有两个及以上同一优先级的运算符，其运算次序是按运算符的结合性来处理的。运算符的结合性描述运算的执行顺序，包括自左向右结合和自右向左结合两种。除了赋值运算符外，所有的二元运算符遵守自左向右结合的规律，例如 x+y+z 先计算 x+y，其和与 z 相加。赋值运算符和条件运算符（?:）以及几乎所有的单目运算符均遵守自右向左结合的规律，例如 x=y=z 先执行 y=z，再将该表达式的结果赋给 x。

C# 中提供了圆括号运算符()用于指定表达式中某些运算符优先处理，使这些运算符的计算顺序可以不遵守运算符的优先级和结合律的规定。例如，(x+y) * z 先将 x 与 y 相加，然后再将结果乘以 z。附录 C 列出了 C# 中所有的运算符及其优先级和结合性信息。

2.4.2　数值数据的运算与处理

C# 中数值型的数据包括整型数据、实数型数据。字符型有时也被作为数值数据参与运算，此时参与运算的是字符型数据对应的 Unicode 编码。

1. 算术运算

算术运算是最常见的一类运算，C# 的算术运算符如表 2.4 所示。

表 2.4　算术运算符

类　别	运算符	用　法	功　能	结合性	示　　例
一元运算符	+	+op1	取自身	自右向左	int a=+3;　//a 值为+3 int b=+a;　//b 值为+3
	-	-op1	取负	自右向左	double d1=-5;　//d1 值为-5 double d2=-d;　//d2 值为 5

二元运算符	+	op1+op2	加	自左向右	int a=12+34;　//a 值为 46
					int i=3,j=i+2; int k=i+j;
					//j 值为 5,k 值为 8

	-	op1-op2	减	自左向右	int a=56-34;　//a 值为 22
					int i=3,j=i-1; int k=i-j;
					//j 值为 2,k 值为 1

	*	op1 * op2	乘	自左向右	int a=56 * 34;　//a 值为 1904 int i=3,j=5; int k=i * j;　//k 值为 15
	/	op1/op2	除	自左向右	int a=56/34;　//a 值为 1 int i=3,j=5; int k=i/j;　//k 值为 0 double d1=1.2,d2=d1/2;　//d2 值为 0.6
	%	op1%op2	取余	自左向右	int a=56%34;　//a 值为 22 int b=-56%34;　//b 值为-22 int i=3,j=5; int k=i%j;　//a 值为 3 double d1=1.2,d2=5.0/d1;　//d2 值为 0.2

算术运算符中的除法运算符(/)用以整型数据时,其运算结果也为整型,用以计算两个操作数的整数商。只要其操作数中有一个为实数类型,其运算结果就为实数类型。取余运算符%用以计算两个操作数相除的余数,对于非整型数据含义也是一样。

另外,进行算术运算时需要注意溢出问题。一旦运算结果超出了保存该结果的数据类型表数范围,系统就会对运算结果进行截断保存,此时系统中所存储的数据就不是正确的运算结果。因此,应该选用合适的数据类型来保存运算结果。溢出问题也是后续的各种运算需要注意的。

2. 自增自减运算

程序设计中经常用到把某个变量值加1或减1的操作,C#中提供了自增运算符(++)和自减运算符(--)来实现这种操作的便捷表示。因此,自增运算符和自减运算符也属于算术运算符。

自增运算符和自减运算符是一元运算符,只可使用变量、属性访问或索引器访问作为其操作数,操作数为数值类型或枚举类型。根据自增和自减运算符相对于操作数的位置可把它们分为两类:前置运算符和后置运算符。C#的自增自减运算符如表2.5所示。

表2.5 自增自减运算符

类别	运算符	用法	功能	结合性	示例
一元运算符	++	++op1	前置自增:先对op1的值进行加1,再进行变量引用	自右向左	double d1=3.5, d2; ++d1; /* d1的值加1变为4.5,等价于d1=d1+1; */ d2=++d1; /* 前置自增运算符,把d1的当前值加1后即5.5赋给d1,然后把新的d1值赋给d2,等价于d1=d1+1,d2=d1; */
	--	--op1	前置自减:先对op1的值进行减1,再进行变量引用	自右向左	double d1=3.5, d2; --d1; /* d1的值减1变为2.5,等价于d1=d1-1; */ d2=--d1; /* 前置自减运算符,把d1的当前值减1后即1.5赋给d1,然后把新的d1值赋给d2,等价于d1=d1-1,d2=d1; */
	++	op1++	后置自增:先进行变量引用,再对op1的值进行加1	自右向左	int i=3; i++; /* i的值加1变为4,等价于i=i+1; */ k=i++; /* 后置自增运算符,把i的当前值即4赋给k,然后i的值加1变为5,等价于k=i,i=i+1; */
	--	op1--	后置自减:先进行变量引用,再对op1的值进行减1	自右向左	int i=3; i--; /* i的值减1变为2,等价于i=i-1; */ k=i--; /* 后置自减运算符,把i的当前值即2赋给k,然后i的值减1变为1,等价于k=i,i=i-1; */

C#中的自增运算符和自减运算符支持连续的多次使用，如下所示：

```
int i=3,k;
k=(i++)+(i++);
k=(--i)+(i--)+(i++);
```

但是，自增自减运算符的连续使用会造成程序理解时的歧义，所以一般不赞成使用，如果需要可拆成多个表达式来写。

3. 位运算符

在 C#中可以对整型或字符型数据按位进行逻辑运算。按位进行逻辑运算的意义：依次取被运算对象的每个位进行逻辑运算，每个位的逻辑运算结果是结果值的每个位。这类运算符称为位运算符，C#支持的位运算符如表 2.6 所示。

表 2.6　位运算符

类　别	运算符	用　法	功　能	结合性	示　例
一元运算符	~	~op1	位逻辑非运算：按位对运算对象的值进行非运算，即如果 op1 某位等于 0，就将其转变为 1；如果等于 1，就将其转变为 0	自右向左	~145　//结果为－146 int i=85,j; j=~i;　//j 的值为－86
二元运算符	&	op1&op2	位逻辑与运算：将 op1 和 op2 按位进行与运算。规则为：1&1 为 1，1&0 为 0，0&1 为 0，0&0 为 0	自左向右	0xf8 & 0x3f　//结果为 0x38 int i=248,j=63; j=i&j　//j 值为 56
	|	op1|op2	位逻辑或运算：将 op1 和 op2 按位进行或运算。规则为：1|1 为 1，1|0 为 1，0|1 为 1，0|0 为 0	自左向右	0xf8 | 0x3f　//结果为 0xff int i=248,j=63; j=i|j　//j 值为 255
	^	op1^op2	位逻辑异或运算：将 op1 和 op2 按位进行异或运算。异或运算的规则是：1^1 为 0，1^0 为 1，0^1 为 1，0^0 为 0。即相同得 0，相异得 1	自左向右	0xf8 ^ 0x3f　//结果为 0xc7 int i=248,j=63; j=i ^ j　//j 值为 199
	<<	op1<<op2	位左移运算：将 op1 按位左移 op2 位，左移后空出的部分补 0，op2 必须是 int 或能隐式转换为 int 的类型	自左向右	1000<<4　//结果为 16000 int i=1,j; j=i<<5;　//j 值为 32
	>>	op1>>op2	位右移运算：将 op1 按位右移 op2 位，右移后空出的部分补 0，op2 必须是 int 或能隐式转换为 int 的类型	自左向右	1000>>2　//结果为 250 int i=－1000,j; j=i>>1;　//j 值为－500

2.4.3 文本数据的运算与处理

C#中文本数据有字符型和字符串型。文本数据的常见运算如表2.7所示。

表2.7 文本数据的常见运算

类别	运算符	用法	功能	结合性	示例
一元运算符	++	++op1	返回当前字符的后继字符	自右向左	char c='c',c1; c1=++c; //c1 值为'd',c 值为'd'
	--	--op1	返回当前字符的前驱字符	自右向左	char c='c',c1; c1=--c; //c1 值为'b',c 值为'b'
	++	op1++	先引用当前字符值,再返回当前字符的后继字符	自右向左	char c='c',c1; c1=c++; //c1 值为'c', 赋值后 c 值为'd'
	--	op1--	先引用当前字符值,再返回当前字符的前驱字符	自右向左	char c='c',c1; c1=c--; //c1 值为'c',赋值后 c 值为'b'
二元运算符	+	op1+op2	将两个字符串首尾连接	自左向右	string s; s="hello" + " world"; /* s 值为"hello world" */ s="hi," + s; /* s 值为"hi,hello world" */ s=s + s; /* s 值为"hi,hello world hi,hello world" */

在实际应用问题中,对于文本型数据的运算和处理十分丰富,如将字符串中英文字母的大小写转换、子串替换等,C#中String类提供了很多方法来支持这些操作,后续章节会进行介绍。

2.4.4 逻辑数据的运算与处理

1. 关系运算符

关系运算符用以比较两个操作数的大小或相等关系,比较的结果为bool值,值为true时表示两个操作数满足当前关系,为false时表示两个操作数不满足当前关系。同时,该bool值作为关系表达式值返回。C#中支持的关系运算符如表2.8所示。

关系运算符中的>、<、>=、<=可用于所有的数值类型和枚举类型操作数,而等于运算符(==)和不等于运算符(!=)除了能应用于预定义的各种值类型数据之外,还可以应用于引用类型。对于引用类型中的string,等于和不等于运算比较字符串的值;而对于除string之外的引用类型,则比较两个操作数是否引用同一个对象。其他4种关系运算符只能应用于数值和枚举类型操作数。

表 2.8　关系运算符

类　别	运算符	用　法	功　　能	结合性	示　　例
二元运算符	==	op1==op2	等于：当 op1 与 op2 值相等或引用同一个对象时，表达式值为 true，否则为 false	自左向右	int i=3,j=6; string s1="hello",s2="hello"; i==j　　//值为 false s1==s2　　//值为 true
	!=	op1!=op2	不等于：当 op1 与 op2 值不相等或引用不同对象时，表达式值为 true，否则为 false	自左向右	(2+2)!=4　//值为 false string s1="hello",s2="world"; s1!=s2　　//值为 true
	>	op1>op2	大于：当 op1 的值大于 op2 的值时，表达式值为 true，否则为 false	自左向右	1.1 > 1　　//值为 true double d1=1.1,d2=1.1; d1>d2　　//值为 false
	<	op1<op2	小于：当 op1 的值小于 op2 的值时，表达式值为 true，否则为 false	自左向右	1<1.1　　//值为 true double d1=1.1,d2=1.1; d1<d2　　//值为 false
	>=	op1>=op2	大于或等于或不小于：当 op1 的值大于或等于 op2 的值时，表达式值为 true，否则为 false	自左向右	1.1 >=1　　//值为 true double d1=1.1,d2=1.1 d1>=d2　　//值为 true
	<=	op1<=op2	小于或等于或不大于：当 op1 的值小于或等于 op2 的值时，表达式值为 true，否则为 false	自左向右	1<=1.1　　//值为 true double d1=1.1,d2=1.1; d1<=d2　　//值为 true

2. 逻辑运算符

逻辑运算符用于对一个或两个 bool 类型的操作数进行运算，其运算结果也是 bool 型。C# 中支持的逻辑运算符如表 2.9 所示。

表 2.9　逻辑运算符

类　别	运算符	用　法	功　　能	结合性	示　　例
一元运算符	!	! op1	逻辑非：对操作数求反，当且仅当 op1 为 false 时才返回 true	自右向左	bool a=true,b; b=! a;　　//b 的值为 false b=! false;　　//b 的值为 true

续表

类别	运算符	用法	功能	结合性	示例

二元运算符	&&	op1&&op2	短路与:对操作数的逻辑与运算,当且仅当 op1 和 op2 都为 true 时才返回 true,并且仅在必要时才计算 op2	自左向右	bool a=true,b=false,c;
					c=a&&b; //c 的值为 false
					c=b&&a; //c 的值为 false
					c=a&&true; //c 的值为 true
					c=false&&b; //c 的值为 false

	&	op1&op2	非短路与:对操作数的逻辑与运算,当且仅当 op1 和 op2 都为 true 时才返回 true	自左向右	bool a=true,b=false,c;
					c=a&b; //c 的值为 false
					c=b&a; //c 的值为 false
					c=a&true; //c 的值为 true
					c=false&b; //c 的值为 false

	||	op1||op2	短路或:对操作数的逻辑或运算,当且仅当 op1 和 op2 都为 false 时才返回 false,但仅在必要时才计算 op2	自左向右	bool a=true,b=false,c;
					c=a||b; //c 的值为 true
					c=b||a; //c 的值为 true
					c=a||true; //c 的值为 true
					c=false||b; //c 的值为 false

	|	op1|op2	非短路或:对操作数的逻辑或运算,当且仅当 op1 和 op2 都为 false 时才返回 false	自左向右	bool a=true,b=false,c;
					c=a|b; //c 的值为 true
					c=b|a; //c 的值为 true
					c=a|true; //c 的值为 true
					c=false|b; //c 的值为 false

	^	op1^op2	条件异或:对操作数的逻辑异或运算,当且仅当 op1 和 op2 中只有一个值为 true 时,结果才为 true	自左向右	bool a=true,b=false,c;
					c=a^b; //c 的值为 true
					c=b^a; //c 的值为 true
					c=a^true; //c 的值为 false
					c=false^b; //c 的值为 false

需要特别注意短路逻辑运算和非短路逻辑运算的差别。对于非短路与(&)和非短路或(|),不管能否由 op1 的值推断出运算结果,都需要计算 op2;而短路与(&&)和短路或(||)则仅在无法由 op1 的值推断出运算结果时才计算 op2。下面的示例演示了这两种操作的不同。

```
bool a=true,b=false,c;
c=a||(b=true);    /* 由第一个操作数的值可推断出||运算结果为 true,因此第二个操作数不
                     被计算, b 的值仍为 false,这就是短路 */
c=a|(b=true);     /* 即使由第一个操作数的值可推断出|运算结果为 true,仍须计算第二个
                     操作数,b 被重新赋值为 true */
```

3. 条件运算符

条件运算符(?:)是 C# 中唯一的一个三元运算符,如表 2.10 所示。

表 2.10　条件运算符

类　别	运算符	用　　法	功　　能	结合性	示　　例
三元运算符	?:	op1? op2:op3	条件运算：当作为条件的 op1 值为 true 时，计算 op2 的值并作为条件表达式的值返回；否则计算 op3 的值作为条件表达式的值返回	自右向左	int a=3, b; b=a > 0 ? a : -a;　/* a 为正数时，条件运算表达式的值为 a 并赋给 b，否则将 -a 的值赋给 b，因此该条件运算实现将 a 的绝对值赋值给 b */

条件表达式中的 op1 可以是关系表达式、逻辑表达式等结果为 bool 型的表达式，op2 和 op3 可以是 C# 中的各种表达式。条件运算符是 C# 中另一个遵循自右向左结合性的运算符，表达式 a ? b : c ? d : e 等效于 a ? b : (c ? d : e)。

2.4.5　其他运算符

除了前面各节介绍的运算符，C# 中还有很多其他运算符。表 2.11 给出了 C# 语言中其他一些常用的运算符的含义和使用方法。

表 2.11　C# 中的其他运算符

类　别	运 算 符	用　法	功　　能	结合性	示　　例
一元运算符	sizeof	sizeof(op1)	用以获取某一数据类型的大小，以字节作为计量单位返回一个整数值	自右向左	sizeof(short)　　//值为 2 sizeof(bool)　　//值为 1
	checked	checked(op1)	用于对整型算术运算和转换显式启用溢出检查	自右向左	z=checked(int.MaxValue + 10);　/* 对 int.MaxValue + 10 运算进行溢出检查，此处将触发异常 */
	unchecked	unchecked(op1)	在不进行溢出检查的情况下进行整型算术运算和转换	自右向左	z=unchecked(int.MaxValue + 10);　/* 对 int.MaxValue + 10 运算不进行溢出检查，此处不会触发异常 */
二元运算符	as	op1 as op2	用于在兼容的引用类型之间执行某些类型的转换，as 运算符只执行引用转换和装箱转换，无法执行其他转换	自左向右	Object obj=new Object(); string s=obj as string;　/* 将 obj 转换为 string 后赋给 s */

续表

类　别	运算符	用　法	功　　能	结合性	示　　例
二元运算符	is	op1 is op2	检查对象是否与给定类型兼容,如果所提供的表达式非空,并且所提供的对象可以强制转换为所提供的类型而不会导致引发异常,则 is 表达式的计算结果将是 true	自左向右	Object o; o is string;　/* 检查 o 是否与 string 类型兼容,此处返回值 false */ string s="hello"; s is Object;　/* 检查 s 是否与 Object 类型兼容,此处返回值 true */

2.4.6　常量表达式

字面常量可以把值直接嵌入程序代码中,编程时还可以进一步将多个常量合并到一个表达式中,这个表达式称为常量表达式。常量表达式在编译时可以完全计算出结果,即在编译期就能够得知常量表达式的值,而不是在程序运行时才能求值。

常量表达式中的操作数只能为 null 文本和整型、实数型、字符型、字符串型以及布尔型的字面常量或使用 const 声明的符号常量以及具有默认值的变量或表达式。常量表达式中的运算符可使用一元运算符+、-、!、~、checked、unchecked,二元运算符+、-、*、/、%、<<、>>、&、|、^、&&、||、==、!=、<、>、<=、>=以及三元运算符?:。如下所示都是正确的常量表达式。

```
5+7;
const int i=12; i*10
10-default(int)
static int i; i>=10
```

常量表达式用途广泛,如常量声明、switch 语句的 case 标签、goto 语句等,在后续章节中会进行介绍。

2.5　赋值和类型转换

2.5.1　赋值运算符

数据被运算和处理后,大部分情况下需要将运算结果保存或将结果传递给另外一些变量等,这时就需要用到赋值操作了。

赋值运算用以将赋值运算符右边的操作数赋给赋值运算符左边的操作数,赋值运算符右边的操作数称为右操作数或右值,赋值运算符左边的操作数称为左操作数或左值。赋值运算中,左操作数只能是变量,右操作数可以是常量、变量或表达式,并且要求左操作数和右操作数的类型相同,或右操作数的类型能隐式转换为左操作数的类型。

除了基本赋值运算符＝外，C♯还支持基本赋值运算符与算术运算符、位运算符组合成的复合赋值运算符。C♯中的赋值运算符如表 2.12 所示。

表 2.12　赋值运算符

类　别	运算符	用　法	功　　能	结合性	示　　例
二元运算符	=	op1=op2	基本赋值：将 op2 的值赋给 op1	自右向左	int i; i=3;　　//把 3 赋给变量 i
	+=	op1+=op2	加法赋值：等价于 op1=op1+op2	自右向左	int x=3,y=5; x+=y;　　//等效于 x=x+y
	-=	op1-=op2	减法赋值：等价于 op1=op1-op2	自右向左	int x=3,y=5; x-=y;　　//等效于 x=x-y
	*=	op1*=op2	乘法赋值：等价于 op1=op1*op2	自右向左	int x=3,y=5; x*=y;　　//等效于 x=x*y
	/=	op1/=op2	除法赋值：等价于 op1=op1/op2	自右向左	int x=3,y=5; x/=y;　　//等效于 x=x/y
	%=	op1%=op2	取余赋值：等价于 op1=op1% op2	自右向左	int x=3,y=5; x%=y;　　//等效于 x=x%y
	&=	op1&=op2	与赋值：等价于 op1=op1&op2	自右向左	int x=3,y=5; x&=y;　　//等效于 x=x&y
	|=	op1|=op2	或赋值：等价于 op1=op1|op2	自右向左	int x=3,y=5; x|=y;　　//等效于 x=x|y
	^=	op1^=op2	异或赋值：等价于 op1=op1^op2	自右向左	int x=3,y=5; x^=y;　　//等效于 x=x^y
	<<=	op1<<=op2	左移赋值：等价于 op1=op1<<op2	自右向左	int x=3,y=5; x<<=y;　　//等效于 x=x<<y
	>>=	op1>>=op2	右移赋值：等价于 op1=op1>>op2	自右向左	int x=3,y=5; x>>=y;　　//等效于 x=x>>y

赋值运算不仅使左操作数获得右操作数的值，而且该赋值表达式的结果也为该值。根据这个特征，C♯中支持串联赋值方式来完成一次给多个变量赋值的操作。下面的示例是正确的赋值操作：

```
int i,k;
i=k=5;          //把 5 赋给变量 i、k
i+=k+=7;        /*把 k 的当前值加 7 赋给 k,然后再把 k+=7 表达式的值与 i 的当前值相加赋
                   给 i,因此该赋值表达式执行后 k 值为 12,i 值为 17*/
```

2.5.2　类型转换

C♯中的运算符对参与运算的操作数类型都有限制，如二元算术运算符“+”要求两个操作数为同类型的数值、逻辑运算符“&&”要求两个操作数都为 bool 类型、赋值运算要求左右操作数类型相同等。进行程序设计时，一般要求操作数的数据类型与运算符所要求的类型一致，但是有些特殊情况下无法做到这一点，此时需要首先将操作数的类型转

换成该运算符要求的类型,这就是类型转换。C#中的类型转换可以是隐式的,也可以是显式的。

1. 隐式转换

隐式转换就是系统默认的、不需要加以特别声明也不用特殊的方法就可以进行的转换。在隐式转换过程中,编译器无须对转换进行详细检查就能够安全地执行转换。隐式转换一般是小存储容量的数据类型自动转换为大存储容量的数据类型,能够保证值不发生变化,包括隐式数值转换、隐式枚举转换和隐式引用转换3种,其中后2种转换会在后续章节中进行介绍。图2.2描述了隐式数值转换的一般规律。

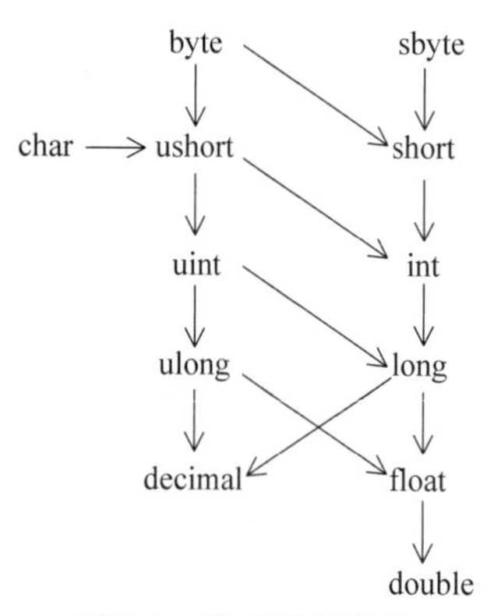

图2.2 隐式数值转换

隐式数值转换中不存在向char类型的隐式转换,float和double类型也不能隐式地转化为decimal型。隐式转换可能发生在运算时以及方法调用时等。下面是一些正确的隐式数值类型转换示例。

```
int intVariable=5;
long l=intVariable;              //将 int 型数值隐式转换成 long 类型

double d=3.0;
d=d+6;                           //将 int 型数值 6 隐式转换成 double 类型再参与运算
```

2. 显式转换

显式转换又称为强制类型转换。它与隐式转换正好相反,需要用户明确地指定转换的类型。显式转换并不是总能成功,而且可能常常引起信息丢失。显式转换的常见语法格式如下:

```
(目标类型)(表达式)
```

其中,目标类型描述要转换的目的类型,表达式为要转换的操作数。强制类型转换失败时,会发生类型转换无效的异常。如下所示为正确的显式转换示例。

```
double x=1234.7;
int a;
a=(int)x;                        //将 double 型数值强制转换成 int 类型

int i=10;
char c;
c=(char)(i+10);                  //将表达式 i+10 的结果(int 类型)强制转换成 char 类型
```

3. 其他类型转换方法

C#还支持其他类型转换方法,下面进行简要介绍。

1）借助 Parse 方法

借助 Parse 方法可以把 string 类型数据转换成 int、float 等多种数值类型。其语法格式为：

```
目标类型.Parse(待转换字符串)
```

如 int.Parse("100")实现把字符串"100"转换成 int 类型数值 100。

使用 Parse 方法进行类型转换时，如果待转换字符串为 null、空、不是数字或者转换结果超过了目标类型的表数范围都会发生转换异常。为了避免这种情况，可以使用 TryParse()方法，不再赘述。

2）用运算符 as

as 运算符用于在兼容的引用类型之间执行某些类型的转换。如果要转换的类型与指定类型兼容，转换就会成功；当转换失败时，as 运算符将返回 null，而不是引发异常。下面是 as 运算符的使用示例。

```
object o1="SomeString";
object o2=5;
string s1=o1 as string;        //类型兼容 s1="SomeString"
string s2=o2 as string;        //s2=null
Console.WriteLine("{0}:{1}", s1, s2);
```

3）装箱和拆箱

装箱和拆箱使值类型能够与 object 类型相互转换。装箱是将值类型转换为引用类型，即分配一个对象实例并将"值类型"的值复制到该实例中。而拆箱是将引用类型转换为值类型。拆箱操作首先检查对象实例，确保它是给定值类型的一个装箱值，然后将该值从对象实例复制到值类型变量中。程序设计时应尽量避免装箱和拆箱操作，因为这会影响程序的效率。

4）使用 Convert 类

System 命名空间中有一个类型转换枢纽类 Convert，它几乎可以把任意数据类型转换为目标数据类型。Convert 类中常用的类型转换方法如表 2.13 所示。

表 2.13 Convert 类中常用的类型转换方法

方　法	说　明	示　例
Convert.ToInt32()	转换为整型(int)	string s="12345"; int i=System.Convert.ToInt32(s);
Convert.ToChar()	转换为字符型(char)	int CodeValue=65; char c =System.Convert.ToChar(CodeValue);
Convert.ToString()	转换为字符串型(string)	bool temp=true; string s =System.Convert.ToString(temp);
Convert.ToDateTime()	转换为日期型(datetime)	string date="2022-1-1"; DateTime d=System.Convert.ToDateTime(date);

续表

方　法	说　明	示　例
Convert.ToDouble()	转换为双精度浮点型(double)	string pi="3.1415926"; double PI =System.Convert.ToDouble(pi);
Convert.ToSingle()	转换为单精度浮点型(float)	string pi="3.1416"; float PI =System.Convert.ToSingle(pi);
Convert.ToBoolean()	转换为布尔型(bool)	string temp="False"; bool v =System.Convert.ToBoolean(temp);

除了上述4种转换之外,C#中还有用户自定义转换等,此处不再赘述。

习题

1. C#中,变量"先定义,后使用"指的是什么?

2. 计算下列表达式的值。

(1) 数值数据的运算。

① 18+92/5。

② 3.14*3*3。

③ 6.0/2。

④ 4&5。

⑤ 18<<4。

⑥ int c=5; d=c++;d的值是?

⑦ int k=7,x=12;求(x%=k)-(k%=5)。

⑧ int j=3; 求 j-=j+=j*j*j。

⑨ double n=3.1415926; int m; 求 m=n*100+0.5, n=m/100.0。

⑩ int a=12; 求 a<<=1。

(2) 文本数据的运算。

① char c='s'; 求 c++,++c,c--,--c。

② string s,s1="Welcome",s2="C# programming"; 求 s=s1+s2。

(3) 逻辑数据的运算。

① int a=1,b=2,c=3; 求 a>b>c。

② int a=5,b=4,c=3; 求 a>b>c 和 a>b && b>c。

③ double x=3.12345678 00000000000009,y=3.12345678 00000000000008; 求 x-y==0。

④ string s1="hello",s2="Hello";求 s1==s2,s1!=s2。

3. 写出下面运算式对应的C#表达式。

(1) a^2+b^2。

(2) $\frac{-b\pm(b^2-4ac)}{2a}$。

（3）$4\pi r^2$。

（4）$\frac{xy}{uv}$。

（5）$s=(a+b)\times h\div 2$。

4. 写出下列描述对应的 C♯ 表达式。

（1）求 a、b、c 3 个数中最大值、最小值和中间值。

（2）描述判断闰年的条件。

（3）求整数 a 的绝对值。

（4）判断 a、b、c 是否为等差数列中连续的 3 项。

（5）已知 a、b、c 分别为一个 3 位整数的百位、十位和个位，求这个整数。

第3章 程序控制结构

将应用问题中的数据和运算引入计算机后，还需要将求解问题的算法使用C#程序实现出来。语句是C#程序的最小单位，程序由一条一条的语句组成，程序运行的过程就是语句逐条执行的过程，而语句执行的次序称为流程。因此在多数情况下，算法实现的结果为一定数量的语句和执行流程。

C#语句分为简单语句、复合语句和控制语句，具有顺序、选择和循环3种基本结构。

3.1 语句

3.1.1 简单语句

简单语句包括表达式语句、空语句和声明语句，它以分号表示语句结束。

1. 表达式语句

C#语言中，并不是所有的表达式都可以形成表达式语句。具体而言，不允许像x+y和x==1之类的只计算一个值(此值将被放弃)的表达式作为语句使用。表达式语句的形式为

```
表达式;
```

表达式语句用于对表达式求值。可用作语句的表达式包括方法调用、使用new运算符的对象分配、使用各种赋值运算符的赋值，以及使用自增运算符(++)和自减运算符(--)的增量和减量运算。如下所示都是正确的表达式语句：

```
x=a+b;                              //赋值表达式语句
sum+=i;                             //复合赋值表达式语句
i++;                                //自增运算符表达式语句
y--;                                //自减运算符表达式语句
o=new object();                     //对象分配语句
Console.WriteLine("hello world!");  //方法调用语句
```

表达式语句是程序中使用最多的语句，因为程序多数情况下表现为计算和功能执行。

2. 空语句

空语句不进行任何操作，其一般格式如下：

```
;
```

在需要语句但又不进行任何操作的时候使用空语句。例如，循环语句中的循环体。下面语句的功能是从键盘连续输入多个字符直到输入回车符。

```
while(Console.Read()!='\n');                //使用空语句
```

这里的循环体就是空语句，因为 while 语句要求必须有循环体，而 Console.Read() !='\n' 已经完成了语句功能，此时的循环体不需要做什么。

空语句可以用在任何允许使用语句的地方。但是，由于编程疏忽而意外出现的空语句，虽然不会造成编译器的编译错误，却有可能产生程序的逻辑错误。例如，if 语句中的空语句可能会使条件判断变相失效。下面的程序段中不管 a 值是正数还是负数，程序都会输出提示信息“This is a positive number!”。

```
if(a>0);
    Console.WriteLine("This is a positive number!");
```

3. 声明语句

C# 中用于定义常量、变量等的语句称为声明语句，例如：

```
double area;                            // 变量声明语句
double radius=2;                        // 变量声明语句
const double pi=3.14159;                // 常量声明语句
```

C# 中声明语句可以出现在程序中任何允许语句出现的地方，以此实现变量和常量定义的局部性。一般情况下，声明语句最好放在方法或复合语句的开头位置。

3.1.2 复合语句

复合语句又称为块语句或块(blocks)，由一个括在大括号内的语句列表组成，而语句列表(Statement List) 由一个或多个顺序编写的语句组成。语句形式为

```
{语句列表}
```

如果没有语句列表，则称块语句是空的，它与空语句等价。复合语句中可以包含 C# 中的任何语句，如声明语句、表达式语句、选择语句、循环语句、跳转语句，它甚至可以包含另一个复合语句。复合语句的左右大括号明确描述了复合语句的开始和结束位置，因此其后不需要加分号。如下所示都是 C# 中正确的复合语句：

```
//复合语句 1
  {
      int a=5,b=2,t;                    //声明语句
```

```
        t=a;                                            //表达式语句
        a=b;                                            //表达式语句
        b=t;                                            //表达式语句
    }
//复合语句 2:嵌套复合语句
    {
        int a=5,b=2,t;                                  //声明语句
        if(a>b)                                         //选择语句
        {
            t=a;
            a=b;
            b=t;
        }
        Console.WriteLine("a is {0},b is {1}.", a, b);  //表达式语句
    }
```

不管复合语句里包括多少条语句,语法上都把它作为一条语句看待。因此,复合语句经常用在语法上只允许出现一条语句,而一条简单语句又无法满足其功能需求的地方。使用复合语句利于将复杂的语句形式简单化、结构化。

3.1.3 注释

程序中经常需要添加一些辅助程序阅读和理解的说明内容,称为注释。C# 支持两种形式的注释:单行注释和带分隔符的注释。单行注释(Single-line Comment)以字符序列//开头并延续到本行的结尾,格式如下:

```
//注释内容
```

带分隔符的注释(Delimited Comment)以字符序列"/*"开头,以字符序列"*/"结束,可以跨多行。格式如下:

```
/*
注释内容
*/
```

C# 中注释不能嵌套。字符序列"/*"和"*/"在单行注释中没有任何特殊含义,字符序列"//"和"/*"在带分隔符的注释中没有任何特殊含义。同时,C# 不对字符和字符串内的内容做注释处理。

需要特别注意的是,C# 中注释仅是对源程序的文字说明。注释不是程序代码,并且不会对程序运行产生任何影响,在编译期间所有的注释将会被忽略。

3.1.4 语句的写法

C# 中,语句的写法一般有以下规定或惯例。

(1) 虽然 C# 允许一个程序行里写多条语句,或一条语句分多行书写,但是多数情况下,在一个程序行里只写一条语句,这些写法利于阅读、理解和调试,写法清晰。

(2) 注意使用空格或 Tab 键来合理地对程序语句进行间隔、缩进和对齐,使程序形成逻辑相关的块结构,养成优美的程序编写风格。

(3) 由于计算机屏幕宽度有限,C# 中过长的语句可以分成多个程序行来书写,例如:

```
Console.WriteLine("a is {0},b is {1}.",
a, b);
```

一条语句分成多行来书写时需要注意:C# 规定回车换行也是空白符,所以不能在关键字、标识符和常量等中间拆分,否则会产生编译错误。如下是错误的分行写法,将会产生编译错误。

```
Console.WriteLine("a is {0},
b is {1}.",a, b);                                    //产生编译错误
```

3.2 输入和输出

输入和输出是用户与计算机之间进行交流的方法。输入指计算机用户通过键盘、鼠标等外部输入设备将数据送入计算机,输出指计算机通过显示器、打印机等外部输出设备将数据送出呈献给计算机用户。

C# 中不提供输入和输出语句,其输入和输出操作是借助于一些预定义类来实现的。Console 类提供用于从控制台读取单个字符或整行的方法,并且该类还可将值类型的数据、字符数组以及对象集自动转换为格式化或未格式化的字符串,然后将该字符串写入控制台。由于 Console 类隶属于命名空间 System,所以需要在源程序开头使用 using 语句进行命名空间引入,格式如下:

```
using system;
```

如果没有引入该命名空间,则需要在程序设计时使用 Console 类的完全限定名,即按照层次结构完整指定 Console 类所在的命名空间,此时应将 Console 替换为 System.Console。

3.2.1 输入方法

Console 类支持用户使用标准输入设备(如键盘和鼠标)向计算机输入数据,其实现的输入方法有 Read、ReadLine、ReadKey 等。

1. Read 方法

Read 方法从标准输入流读取下一个字符。其返回值是输入流中下一个字符的 Unicode 编码值,返回值类型是 System.Int32;如果当前没有更多的字符可供读取,则返回−1。其方法定义为

```
public static int Read();
```

在输入字符时,Read 方法会阻止其返回,只有当用户按 Enter 键时该方法才会终

止。按 Enter 键会在输入内容后面追加一个与平台有关的行终止序列(例如,Windows 追加一个回车符和换行符序列)。对 Read 方法的后续调用一次检索输入中的一个字符,检索完最后一个字符后,Read 会再次阻止其返回,并重复上述循环。

注意,Read 方法只有在下列情况下才返回－1:①同时按 Ctrl＋Z 键,此按键组合发出到达文件尾条件;②按发出到达文件尾条件的等效键,例如 Windows 中的 F6 功能键;③将输入流重定向到具有实际的文件尾字符的源,例如文本文件。

Read 方法的用法示例如下:

```
char ch;
int x;
x=Console.Read();                    //读取字符,返回字符的 Unicode 编码值给变量 x
try
{
        ch=Convert.ToChar(x);        //将 Unicode 编码转换成对应的字符给变量 ch
        Console.WriteLine("The char is:{0}",ch);
}
catch(OverflowException e)           //转换不成功时进行异常处理
{
        Console.WriteLine("{0} Value read={1}.转换不成功", e.Message, x);
}
```

2. ReadLine 方法

ReadLine 方法从标准输入流读取下一行字符,其返回值类型为 System.String;如果没有更多的可用行,则返回 null。其方法定义为

```
public static string ReadLine();
```

行被定义为后跟回车符(十六进制 0x000d)、换行符(十六进制 0x000a)或 Environment.NewLine 属性值的字符序列。ReadLine 方法返回的字符串不包含终止字符。

如果在该方法从控制台读取输入时按 Ctrl＋Z 键,该方法将返回 null。用户可以借此在循环中调用 ReadLine 方法时防止进一步的键盘输入。下面是 ReadLine 方法的使用示例。

```
string line;
do
{
    line=Console.ReadLine();                          //从标准输入流读取下一行字符
    if(line !=null)
        Console.WriteLine("      "+line);      //字符串不为 null 时,输出
} while(line !=null);          //循环执行读入一行字符并输出该行字符,直到按 Ctrl+Z 键
```

注:如果有多个信息在同一行输入,信息之间用空格或者其他符号隔开,则可使用

ReadLine 方法读取后,调用 string 类型的 Split 方法进行切分。例如,输入一个日期(格式 yyyy/mm/dd),获取其年月日信息的代码如下:

```
int year, month, day;
string date=Console.ReadLine();                //从标准输入流读取一行日期信息
string[]datetemp=date.Split('/');              //将日期信息切分成年、月、日 3 个信息子串
year=Convert.ToInt32(datetemp[0]);             //将年信息子串转为整数类型
month=Convert.ToInt32(datetemp[1]);            //将月信息子串转为整数类型
day=Convert.ToInt32(datetemp[2]);              //将日信息子串转为整数类型
```

有关 Split 方法的更多使用请自行查阅资料。

3. ReadKey 方法

ReadKey 方法获取用户按下的下一个字符或功能键。返回值类型为 System.ConsoleKeyInfo,描述 ConsoleKey 常数和对应于按下的控制键的 Unicode 字符(如果存在这样的字符)。ConsoleKeyInfo 对象还以 ConsoleModifiers 值的按位组合描述是否在按下该控制键的同时按下了 Shift、Alt 或 Ctrl 键中的一个或多个。该方法有如下两种重载方式。

```
方式 1: public static ConsoleKeyInfo ReadKey();
方式 2: public static ConsoleKeyInfo ReadKey(bool intercept);
```

方式 1 中,ReadKey 方法获取用户按下的键后显示在控制台窗口中。下面是方式 1 的使用示例:

```
ConsoleKeyInfo cki;
cki=Console.ReadKey();                        //从键盘读取用户按下的下一个字符或功能键
Console.Write(" ---You pressed ");
/* 根据 ConsoleModifiers 值的按位组合描述是否在按下该控制键的同时按下了 Shift、Alt
或 Ctrl 键中的一个或多个 */
if((cki.Modifiers & ConsoleModifiers.Alt)!=0)Console.Write("ALT+");
if((cki.Modifiers & ConsoleModifiers.Shift)!=0)Console.Write("SHIFT+");
if((cki.Modifiers & ConsoleModifiers.Control)!=0)Console.Write("CTRL+");
Console.WriteLine(cki.Key.ToString());      //输出按下的 Unicode 字符
```

方式 2 中,ReadKey 方法获取用户按下的键后可以选择显示在控制台窗口中。参数 intercept 值为 true 时,按下的键将被截获,不会显示在控制台窗口中;参数值为 false 时,将在控制台窗口中显示按下的键。方式 2 使用方法与方式 1 相似,不再示例。

3.2.2 输出方法

Console 类支持计算机向标准输出设备(如显示器)输出数据,其实现的输出方法有 Write、WriteLine。

1. Write 方法

Console类的Write方法有18种重载定义,分别用以实现将布尔型、数值型、字符型、字符串型、对象型等信息写入标准输出流中。其调用形式如下:

```
方式1: Write(输出项);                    /*将指定的输出项信息写入标准输出流*/
方式2: Write(格式控制,输出项列表);        /*将各输出项按指定的格式写入标准输出流*/
```

Write方法的使用示例如下:

```
char c='c';
int d=10;
Console.Write(true);                //使用重载方式1输出bool型值
Console.Write(c);                   //使用重载方式2输出字符
Console.Write(d);                   //使用重载方式6输出int型值
Console.Write("Hello world!");      //重载方式10输出字符串
Console.Write("{0:x}", d);          //将变量d的值按照十六进制形式输出,输出:a
```

2. WriteLine 方法

Console类的WriteLine方法用以将布尔型、数值型、字符型、字符串型、对象型等信息写入标准输出流中,它与Write方法的不同就是在输出信息后附加当前行终止符,即输出当前信息后自动换行。WriteLine方法也有多种重载定义,上述Write方法的每种重载都对应有WriteLine方法的重载定义。除此之外,WriteLine方法还可用以只把当前行终止符写入标准输出流,即输出一个空行。因此,WriteLine方法有19种重载定义形式。

WriteLine方法的调用形式如下:

```
方式1: WriteLine(输出项);                 /*将指定的输出项信息附加当前行终止符写入标
                                            准输出流*/
方式2: WriteLine(格式控制,输出项列表);     /*将各输出项按指定的格式写入标准输出流并附
                                            加当前行终止符*/
方式3: WriteLine();                       //输出空行
```

下面是WriteLine方法的使用示例。

```
char c='c';
int d=10;
Console.WriteLine(true);              //输出bool型值后回车换行
Console.WriteLine(c);                 //输出字符后回车换行
Console.WriteLine(d);                 //输出int型值后回车换行
Console.WriteLine("Hello world!");    //输出字符串后回车换行
Console.WriteLine("{0:x}", d);        //将变量d的值按照十六进制形式输出后回车换行
Console.WriteLine();                  //输出一个空行
```

3. 格式字符串

使用Console类的Write方法和WriteLine方法输出时,可以通过设置输出格式字符

串以更合适的格式输出信息。例如,将某个数值作为货币或者某个小数位数的定点值来显示、设置信息输出的对齐方式等。下面对这两个方法中格式字符串的设置方法进行详细介绍。

当使用 Write 和 WriteLine 方法的输出格式设置时,由对象列表和复合格式字符串一起作为方法的参数。复合格式字符串由固定文本和索引占位符混合组成,其中固定文本是所选择的任何字符串,索引占位符称为格式项,每个格式项对应于列表中的一个对象或装箱的结构,每个格式项都被列表中相应对象的字符串表示形式取代。格式设置操作产生的结果字符串由原始固定文本和列表中对象的字符串表示形式混合组成。

每个格式项都采用下面的形式并包含以下组成部分:

```
{索引[,对齐][:格式字符串]}
```

注意:格式项必须使用成对的大括号("{"和"}")。下面对格式项的每个组成部分进行介绍。

(1) 索引,即强制"索引"组件(也叫参数说明符)是一个从 0 开始的数字,可标识对象列表中对应的项。也就是说,参数说明符为 0 的格式项对应列表中的第一个对象,参数说明符为 1 的格式项对应列表中的第二个对象,以此类推。

通过指定相同的参数说明符,多个格式项可以引用对象列表中的同一个元素。例如,通过指定类似于"{0:X} {0:E} {0:N}"的复合格式字符串,可以将同一个数值设置为十六进制、科学记数法和数字格式进行输出。

每个格式项都可以引用列表中的任一对象。例如,如果有 3 个对象,则可以通过指定类似于"{1} {0} {2}"的复合格式字符串来设置第 2、第 1 和第 3 个对象的格式。格式项未引用的对象会被忽略。如果参数说明符指定了超出对象列表范围的项,将导致运行时异常。

(2) 对齐,即对齐组件。可选的"对齐"组件是一个带符号的整数,指示首选的设置了格式的字段宽度。如果"对齐"值小于设置了格式的字符串的长度,"对齐"会被忽略,并且使用设置了格式的字符串的长度作为字段宽度。如果"对齐"为正数,字段中设置了格式的数据为右对齐;如果"对齐"为负数,字段中的设置了格式的数据为左对齐。如果需要填充,则使用空白。如果指定"对齐",就需要使用逗号。

(3) 格式字符串,即格式字符串组件。可选的"格式字符串"组件是适合正在设置格式的对象类型的格式字符串。如果相应的对象是数值,则指定标准或自定义的数字格式字符串;如果相应的对象是 DateTime 对象,则指定标准或自定义的日期和时间格式字符串;如果相应的对象是枚举值,则指定枚举格式字符串。如果不指定"格式字符串",则对数字、日期和时间或者枚举类型使用常规("G")格式说明符。如果指定"格式说明符",需要使用冒号。表 3.1 描述了标准数字格式的说明符,表 3.2 描述了自定义数字格式的说明符。

表 3.1　标准数字格式说明符

格式说明符	含　义	示　例
C 或 c	使用货币符号把值格式化为货币;精度说明符为小数位数	Console.WriteLine("{0:C3}",12.5); 输出: ¥12.500
D 或 d	十进制数字字符串,需要的情况下有负数符号,只能和整数类型配合使用;精度说明符为输出字符串中的最少位数,如果实际数字的位数更少,则左边以 0 填充	Console.WriteLine("{0:d5}", 12); 输出: 00012 Console.WriteLine("{0:d3}", 1234); 输出: 1234
F 或 f	带有小数点的十进制数字字符串,需要的情况下有负数符号;精度说明符为小数的位数	Console.WriteLine("{0:f3}", 1234); 输出: 1234.000 Console.WriteLine("{0:f2}", 1.234); 输出: 1.23
G 或 g	在没有指定说明符的情况下,会根据值转换为定点或科学记数法表示的紧凑形式;精度说明符为有效位数。如果精度说明符被省略或为零,则数字的类型决定默认精度,分别是 Byte 或 SByte: 3 位; Int16 或 UInt16: 5 位; Int32 或 UInt32: 10 位; Int64: 19 位; UInt64: 20 位; BigInteger: 29 位; Single: 7 位; Double: 15 位; Decimal: 29 位	Console.WriteLine("{0:G4}", 3.1415926); 输出: 3.142 Console.WriteLine("{0:G4}", 31415926); 输出: 3.142E+07
X 或 x	十六进制数字字符串,十六进制数字 A～F 会匹配说明符的大小写形式;精度说明符为输出字符串中的最少位数,如果实际数字的位数更少,则左边以 0 填充	Console.WriteLine("{0:X4}", 3142); 输出: 0C46 Console.WriteLine("{0:x}", 3142); 输出: c46
N 或 n	和定点表示法相似,但是在每 3 个数字的一组中间有分隔符,从小数点开始向左数;精度说明符为小数位数	Console.WriteLine("{0:N2}", 3141.5926); 输出: 3,141.59
P 或 p	表示百分比的字符串,数字会乘以 100;精度说明符为小数的位数	Console.WriteLine("{0:P2}", 0.12345); 输出: 12.35%
R 或 r	保证输出字符串后如果使用 Parse 方法将其转换为数字,那么该值和原始值一样。精度说明符忽略	Console.WriteLine("{0:R}", 0.12345); 输出: 0.12345
E 或 e	具有位数和指数的科学记数法,指数前面加字母 E 的大小写与说明符一致;精度说明符为小数的位数	Console.WriteLine("{0:E3}", 0.12345); 输出: 1.235E-001

表 3.2　自定义数字格式说明符

格式说明符	含　义	示　例
0	零占位符,用对应的数字(如果存在)替换零;否则,将在结果字符串中显示零	Console.WriteLine("{0:0.00000000}", 3.1415926); 输出: 3.14159260

续表

格式说明符	含　义	示　例
#	数字占位符，用对应的数字(如果存在)替换#标记；否则，不会在结果字符串中显示任何数字	Console.WriteLine("{0:#.#####}", 3.142);　//输出 3.142 Console.WriteLine("{0:#.###}", 3.1415);　//输出 3.142
.	小数点，确定小数点分隔符在结果字符串中的位置	Console.WriteLine("{0:00.00}", 1.234); 输出：01.23
,	组分隔符和数字比例换算，用作组分隔符和数字比例换算说明符。作为组分隔符时，它在各个组之间插入本地化的组分隔符字符。作为数字比例换算说明符，对于每个指定的逗号，它将数字除以 1000	Console.WriteLine("{0:##,#}", 2147483647); 输出：2,147,483,647 Console.WriteLine("{0:#,#,,}", 2147483647); 输出：2,147
%	百分比占位符，将数字乘以 100，并在结果字符串中插入本地化的百分比符号	Console.WriteLine("{0:%#0.00}", 0.3697); 输出：%36.97 Console.WriteLine("{0:#0.00%}", 0.3697); 输出：36.97%
‰	千分比占位符，将数字乘以 1000，并在结果字符串中插入本地化的千分比符号	Console.WriteLine("{0:#0.00‰}", 0.3697); 输出：369.70‰
E0，E+0，E−0，e0，e+0，e−0	指数表示法，如果后跟至少一个 0(零)，则使用指数表示法设置结果格式。"E"或"e"指示指数符号在结果字符串中是大写还是小写。跟在"E"或"e"字符后面的零的数目确定指数中的最小位数。加号（+）指示符号字符总是置于指数前面。减号（−）指示符号字符仅置于负指数前面	Console.WriteLine("{0:0.0##e+00}", 1503.92311);输出：1.504e+03
'字符串' "字符串"	文本字符串分隔符，指示应复制到未更改的结果字符串的封闭字符	Console.WriteLine("{0:# 'degrees'}", 987654); 输出：987654　degrees

3.3 程序顺序结构

3.3.1 顺序执行

多数情况下，程序中的语句按照其书写顺序执行，上一条语句执行完后自动开始下一条语句的执行，这种执行称为顺序执行。因此，顺序执行的程序中语句的次序很重要，不能随意调整顺序执行的语句顺序，这将会导致程序结果出错。

如果在顺序执行的程序中出现了方法或函数调用,当执行到方法或函数调用语句时,会暂停当前程序的执行流程转而进入被调方法或函数内部开始执行,当从被调方法或函数返回后继续被暂停的流程。

3.3.2 跳转执行

顺序执行流程能满足很多简单问题的求解需求。但是,有很多问题的求解仅依靠顺序执行是不能满足要求的,比如,给定 3 个线段判断它们能不能组成一个三角形、计算从 1 累加到 10 000 的和等。因此,跳转执行也是求解问题必需的执行机制。

C# 中有多个控制语句可以实现跳转执行,控制程序的执行流程。

(1) 选择语句:if 语句、switch 语句。

(2) 循环语句:while 语句、do 语句、for 语句。

(3) 跳转语句:goto 语句、break 语句、continue 语句、return 语句、throw 语句。
其中,goto 语句实现使程序执行流程无条件跳转的功能,但是这种无条件跳转机制在很大程度上破坏了程序的结构化,降低了程序的可读性,而且所有含 goto 语句的程序都可以改写成不用 goto 语句的程序。因此,少用甚至不用 goto 是一种良好的编程习惯,鉴于此,本书对 goto 语句不再介绍。

3.4 程序选择结构

3.4.1 if 语句

if 语句可以根据给定表达式的结果选择执行不同的语句,其语句形式有如下几种。

1. if 形式

```
if(表达式)
    语句
```

它的执行过程是先计算表达式,并且表达式必须是 bool 类型。如果表达式的值为 true,则语句被执行,否则语句被跳过。其执行流程如图 3.1(a)所示。

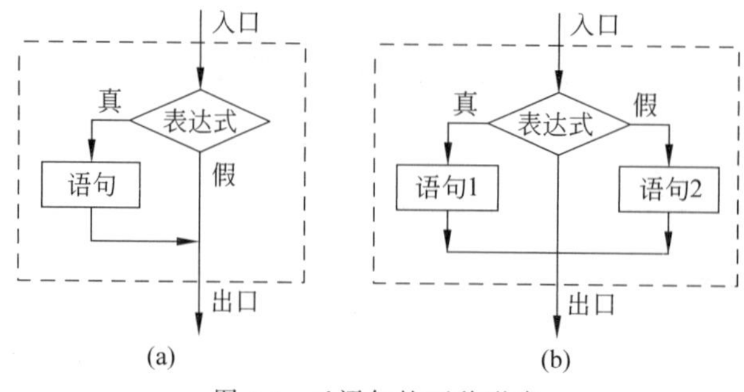

图 3.1 if 语句的两种形式

2. if-else 形式

```
if(表达式)
    语句 1
else
    语句 2
```

if-else 语句实现双分支，它同样先按照 bool 型计算表达式的结果。如果表达式的值为 true，则语句 1 被执行；如果表达式的值为 false，则语句 2 被执行。其执行流程如图 3.1(b)所示。

下面是 if 语句的使用示例代码：

```
if(a<0)
    value=-1 * a;                          //语句可以是简单语句,不需要花括号

if(a>b)
{
    t=a;                                   //语句也可以是复合语句,需要花括号
    a=b;
    b=t;
}

if(x>0)
    y=1;                                   //简单语句
else
{
    y=0;                                   //复合语句
    x=-1 * x;
}
```

if 语句中的子语句既可以是简单语句，也可以是任何种类的其他语句，使用复合语句时必须使用花括号将其括起来。

【例 3.1】 判断输入的年份是闰年还是平年。闰年的年份值满足下面两个条件之一。

(1) 年份值能被 4 整除，但是不能被 100 整除；

(2) 年份值能被 400 整除。

```
1    using System;
2    class Leapyear
3    {
4        static void Main()
5        {
6            int year;
7            Console.WriteLine("请输入要判断的年份:");       /* 输出提示信息 */
8            year=Convert.ToInt32(Console.ReadLine());
                                 /* 从键盘接收用户输入的年份信息并转换为 int 型值 */
```

```
9           if((year %400==0)||(year %4==0 && year %100 !=0))
                                    /* 按照闰年的判断条件评定是否为闰年 */
10              Console.WriteLine("当前年份是闰年!");     //满足条件是闰年
11          else
12              Console.WriteLine("当前年份是平年!");     //不满足条件是平年
13      }
14  }
```

程序运行情况如下：

```
请输入要判断的年份:
2001↙
当前年份是平年!
```

3.4.2 switch 语句

switch 语句实现多路分支。它计算给定测试表达式的值，根据其结果选择从多个分支中的一个分支入口执行。其语句形式如下：

```
switch(测试表达式)
{
    case 常量表达式 1:语句序列 1
                     break;
    case 常量表达式 2:语句序列 2
                     break;
    ...
    case 常量表达式 n:语句序列 n
                     break;
    default:
                     默认语句序列
                     break;
}
```

switch 语句的执行过程是先计算测试表达式，然后将测试表达式的结果与每个 case 分支的常量表达式值进行逐一比较。如果与某个常量表达式的值相等，就执行该分支标签后的语句序列，直到遇上 break 语句或其他跳转语句。因此，switch 语句要求常量表达式与测试表达式的类型一致。switch 语句的执行流程如图 3.2 所示。

switch 语句包含零个、一个或多个分支，但是任意两个分支的常量表达式值都不能相同。每个分支以一个或多个分支标签开始，每个分支必须以 break 语句或其他跳转语句结束，除非这个分支没有相应的语句序列。最常用来结束每个分支的是 break 语句。下面是 switch 语句的使用示例代码。

```
string s;
s=Console.ReadLine();
switch(s)
{
```

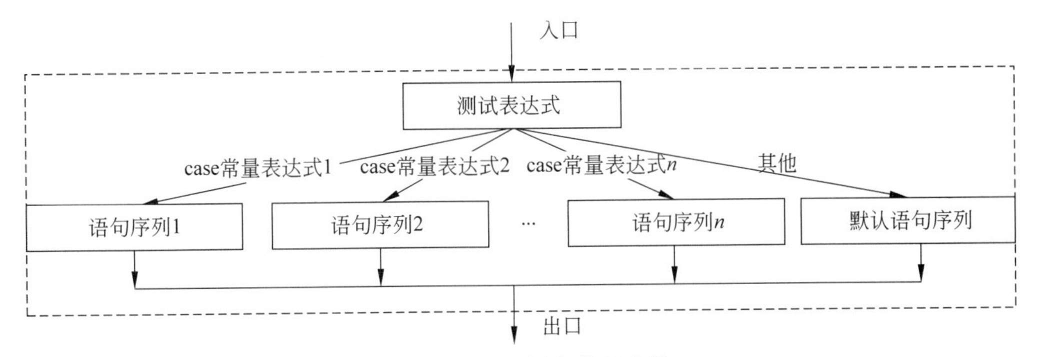

图 3.2 switch 语句执行流程

```
    case "yes":
        Console.WriteLine("YES");
        break;
    case "no":
        Console.WriteLine("NO");
        break;
    default:
        Console.WriteLine("ERROR");
        break;
}

    const int Five=5;
    int x=5;
    switch(x)
    {
        case Five:
            Console.WriteLine("5");
            break;
        case 10:
            Console.WriteLine("10");
            break;
    }

    int score;
      score=Convert.ToInt32(Console.ReadLine());
      switch(score/10)
      {
         case 10:
         case 9:
         case 8:
         case 7:
```

```
            case 6:
                Console.WriteLine("及格");     //成绩值为 60~100 则输出"及格"
                break;
            case 5:
            case 4:
            case 3:
            case 2:
            case 1:
            case 0:
                Console.WriteLine("不及格");   //成绩值为 0~59 则输出"不及格"
                break;
            default:
                Console.WriteLine("输入错误"); //成绩值不在 0~100 则输出"输入错误"
                    return;
        }
```

default 分支是可选的,表示当表达式的值与所有常量表达式的值都不相等时,将会执行默认语句序列,直到遇上 break 等跳转语句。一般情况下,switch 语句中都应该包含 default 分支,因为它的存在可以捕获程序中潜在的错误。

3.4.3 选择结构的嵌套

if 语句和 switch 语句中,分支的子语句或语句序列中可以是任意的语句。当在 if 语句的子语句或 switch 语句的分支语句序列中出现了又一个 if 语句或 switch 语句时,就形成了嵌套的选择结构。常见的选择结构嵌套形式有以下几种。

(1) if 语句嵌套 if 语句:如 if 语句的 else 分支的子语句出现另一个 if 语句,形成多次多个条件判断,达到一种多分支的效果;在 if 语句的 if 和 else 分支的子语句中都出现另一个 if 语句,形成 if 语句的多重嵌套。

(2) switch 语句与 switch 语句嵌套:如某个 case 分支后的语句序列中包括另一个 switch 语句。

(3) if 语句与 switch 语句嵌套:在 if 语句的子语句中出现 switch 语句或者 switch 语句的分支语句序列中出现 if 语句。

使用选择结构嵌套时,应注意不要使嵌套的层次太深或者嵌套的结构太复杂,这会使得代码的编写难度增大,代码的可读性降低。当问题中的判断机制比较复杂时,应学会在嵌套的选择结构和并列的选择结构之间做好权衡。

3.4.4 选择结构程序举例

【例 3.2】 将输入的五分制成绩转换成百分制成绩。

```
1    using System;
2    class ConvertScore
3    {
```

```
4        static void Main()
5        {
6            char score;
7            score=Convert.ToChar(Console.ReadLine());
8            if(score>='a' && score<='z')     //将用户输入的小写字母转换为大写字母
9                score=Convert.ToChar(score - 32); //或 score=Char.ToUpper(score);
10           switch(score)          //根据用户输入的五分制成绩输出相应的百分制成绩段
11           {
12               case 'A':
13                   Console.WriteLine("90~100");
14                   break;
15               case 'B':
16                   Console.WriteLine("80~89");
17                   break;
18               case 'C':
19                   Console.WriteLine("70~79");
20                   break;
21               case 'D':
22                   Console.WriteLine("60~69");
23                   break;
24               case 'E':
25                   Console.WriteLine("0~59");
26                   break;
27               default:
28                   Console.WriteLine("输入错误");
29                   break;
30           }
31       }
32   }
```

程序运行情况如下：

```
A↙
90~100
```

【例 3.3】 输入月份和日期，输出对应的星座。星座和日期的对照关系如下：

白羊座:3 月 21 日-4 月 19 日　金牛座:4 月 20 日-5 月 20 日　双子座:5 月 21 日-6 月 21 日
巨蟹座:6 月 22 日-7 月 22 日　狮子座:7 月 23 日-8 月 22 日　处女座:8 月 23 日-9 月 22 日
天秤座:9 月 23 日-10 月 23 日　天蝎座:10 月 24 日-11 月 22 日　射手座:11 月 23 日-12 月 21 日
摩羯座:12 月 22 日-1 月 19 日　水瓶座:1 月 20 日-2 月 18 日　双鱼座:2 月 19 日-3 月 20 日

```
1   using System;
2   class Constellation
```

```
3   {
4       static void Main()
5       {
6           int m, d;
7           m=Convert.ToInt32(Console.ReadLine());  //从键盘接收月份信息
8           d=Convert.ToInt32(Console.ReadLine());  //从键盘接收日期信息
9           if((m>12 && m<1)||(d>31 && d<1))        //月、日期输入非法结束
10          {
11              Console.WriteLine("输入错误");
12              return;
13          }
14          switch(m)           //借助 case 语句和 if 语句的嵌套实现 12 个星座的查询
15          {
16              case 1:
17                  if(d<=19)
18                      Console.WriteLine("摩羯座");
19                  else
20                      Console.WriteLine("水瓶座");
21                  break;
22              case 2:
23                  if(d<=18)
24                      Console.WriteLine("水瓶座");
25                  else
26                      Console.WriteLine("双鱼座");
27                  break;
28              case 3:
29                  if(d<=20)
30                      Console.WriteLine("双鱼座");
31                  else
32                      Console.WriteLine("白羊座");
33                  break;
34              case 4:
35                  if(d<=19)
36                      Console.WriteLine("白羊座");
37                  else
38                      Console.WriteLine("金牛座");
39                  break;
40              case 5:
41                  if(d<=20)
42                      Console.WriteLine("金牛座");
43                  else
44                      Console.WriteLine("双子座");
45                  break;
46              case 6:
```

```
47                  if(d<=21)
48                      Console.WriteLine("双子座");
49                  else
50                      Console.WriteLine("巨蟹座");
51                  break;
52              case 7:
53                  if(d<=22)
54                      Console.WriteLine("巨蟹座");
55                  else
56                      Console.WriteLine("狮子座");
57                  break;
58              case 8:
59                  if(d<=22)
60                      Console.WriteLine("狮子座");
61                  else
62                      Console.WriteLine("处女座");
63                  break;
64              case 9:
65                  if(d<=22)
66                      Console.WriteLine("处女座");
67                  else
68                      Console.WriteLine("天秤座");
69                  break;
70              case 10:
71                  if(d<=23)
72                      Console.WriteLine("天秤座");
73                  else
74                      Console.WriteLine("天蝎座");
75                  break;
76              case 11:
77                  if(d<=22)
78                      Console.WriteLine("天蝎座");
79                  else
80                      Console.WriteLine("射手座");
81                  break;
82              case 12:
83                  if(d<=21)
84                      Console.WriteLine("射手座");
85                  else
86                      Consolc.WriteLine("摩羯座");
87                  break;
88          }
```

```
89        }
90    }
```

程序运行情况如下：

```
3↙
15↙
双鱼座
```

3.5 程序循环结构

3.5.1 while 语句

while 循环是一种简单的循环，其语句形式如下：

```
While(表达式)
    语句
```

圆括号内的表达式称为循环条件，语句称为循环体。while 语句的执行流程是先计算作为循环条件的 bool 型表达式的值，如果表达式的值为 false，则程序执行跳转到 while 循环结尾之后继续；如果表达式的值为 true 则执行语句，并且该表达式在语句每次执行结束后都再次被求值。每次表达式的值为 true 时，语句都会被执行一次。循环在表达式结果为 false 时结束。其执行流程可用图 3.3(a)来描述。

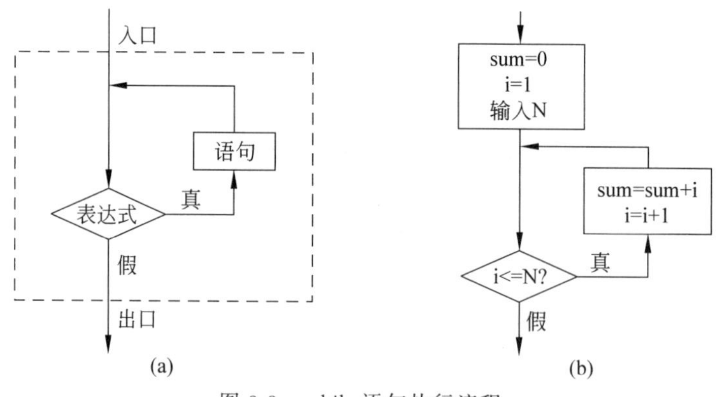

图 3.3　while 语句执行流程

【例 3.4】 计算从 1 累加到 N 的和，其中，N 为大于 1 的自然数。

分析：用流程图表示算法如图 3.3(b)所示。

```
1    using System;
2    class Sum
3    {
4        static void Main()
5        {
6            int N, i=1, sum=0;
```

```
7           N=Convert.ToInt32(Console.ReadLine());    //从键盘接收 N
8           while(i<=N)                               //循环直到 i 大于 N
9           {
10              sum=sum+i;                            //累加
11              i=i+1;
12          }
13          Console.WriteLine("sum is {0}", sum);
14      }
15  }
```

程序运行情况如下：

```
100↙
sum is 5050
```

使用 while 语句时，循环体中应有使 while 表达式值趋向 false 的操作，如例 3.4 中第 11 行的“i=i+1;”，否则表达式值恒为 true，循环将永不结束，称为死循环。有时无意中在 while 条件后书写了额外的分号，将会使得 while 循环体为空语句，从而改变了循环的初始意图，如下所示：

```
while(i<=N);
{
    sum=sum+i;
    i=i+1;
}
```

上面代码将会形成死循环，花括号里的两个赋值语句永远不会被执行。

3.5.2 do 语句

do 语句同样可以实现循环功能，它与 while 语句最大的差别是 do 语句先执行循环体的语句，然后再计算给定的表达式值，根据结果判定是否循环执行。语句形式为

```
do
    语句
While(表达式);
```

do 语句的执行流程是先执行语句，再计算 bool 型表达式的值。如果表达式的值为 true，则语句被再次执行；每次表达式的值为 true 时，语句都会被执行一次。当表达式的值为 false 时，控制流程跳转到循环结构结尾之后的那条语句。其执行流程可用图 3.4 来描述。

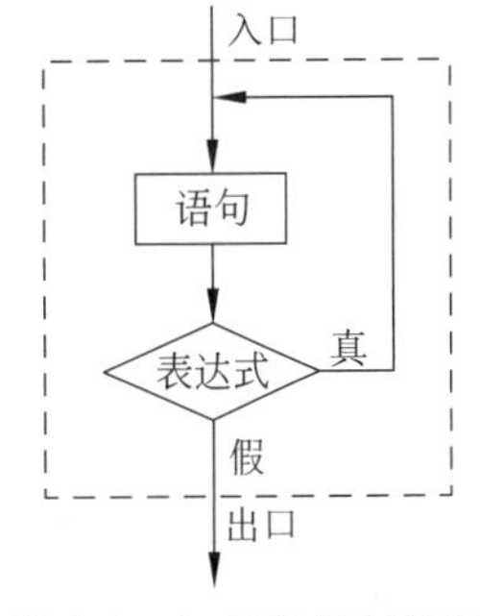

图 3.4 do 语句执行流程

do 语句可以用 while 语句替换。通常情况下，while 语句具有比 do 语句高的使用频率。

【例 3.5】 计算从 1 累加到 N 的和，其中，N 为大于 1 的自然数。用 do 语句实现。

```
1   using System;
2   class Sum
3   {
4       static void Main()
5       {
6           int N, i=1, sum=0;
7           N=Convert.ToInt32(Console.ReadLine());    //从键盘接收 N
8           do
9           {
10              sum=sum+i;
11              i=i+1;
12          } while(i<=N);
13          Console.WriteLine("sum is {0}", sum);
14      }
15  }
```

程序运行情况如下:

```
100↙
sum is 5050
```

【例 3.6】 对用户输入的数计算其平方根,直到用户输入负数为止(假定第一次输入非负)。

```
1   using System;
2   class Sqrt
3   {
4       static void Main()
5       {
6           int N;
7           N=Convert.ToInt32(Console.ReadLine());         //从键盘接收 N
8           do
9           {
10              Console.WriteLine("{0}的平方根值为:{1:f3}", N, Math.Sqrt(N));
                //调用 Math 类的 Sqrt 方法计算 N 的平方根
11          } while((N=Convert.ToInt32(Console.ReadLine()))>=0);
12      }
13  }
```

程序运行情况如下:

```
3↙
3 的平方根值为:1.732
4↙
4 的平方根值为:2.000
-1↙
```

3.5.3　for 语句

for 语句是实现循环功能的又一个语句，其语句形式如下：

```
for(初始化表达式;测试表达式;迭代表达式)
    语句
```

for 语句的执行流程为：在 for 循环的开始，初始化表达式被执行一次，然后对测试表达式求值。如果测试表达式的结果为 true，则执行语句，然后执行迭代表达式；执行完迭代表达式后，测试表达式被再次求值。只要测试表达式值为 true，语句和迭代表达式就会被执行一次。一旦测试表达式求值结果为 false，程序的执行流程就跳转到 for 语句之后的语句继续执行。其执行流程如图 3.5 所示。

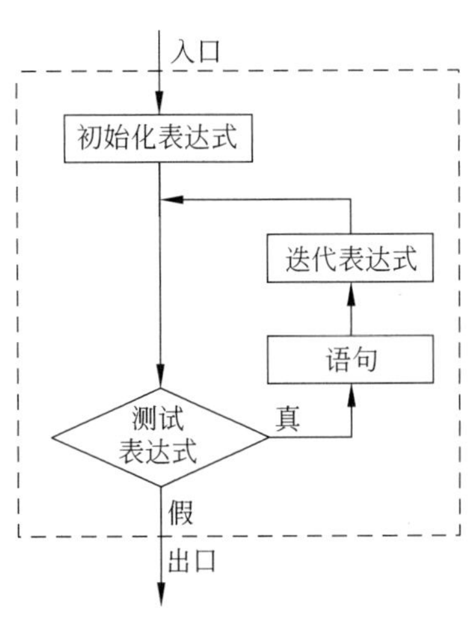

图 3.5　for 语句执行流程

for 语句可以与 while 语句或 do 语句互相替换，如使用 for 语句实现 1～N 的累加和代码片段如下：

```
int N,i,sum;
N=Convert.ToInt32(Console.ReadLine());
                                        //从键盘接收 N
for(i=1,sum=0;i<=N;i++)
    sum=sum+i;
Console.WriteLine("sum is {0}", sum);
```

下面对 for 语句进行一些补充说明：

(1) for 语句中初始化表达式只被执行一次，并且在 for 语句中任何其他部分之前执行。它常用来声明和初始化循环中使用的本地变量。

(2) 测试表达式可能会被多次求值，以决定循环体中的语句被执行还是被跳过，它必须是 bool 类型。

(3) 迭代表达式在循环体的语句执行之后且在返回循环的顶端执行，迭代表达式执行后会立即再对测试表达式求值。

(4) for 语句中的初始化表达式、测试表达式和迭代表达式都是可选的。但是，由于 for 语句圆括号中分号是各表达式之间的分隔符，因此省略其中任何的表达式都不能省略中间的分号，即必须将所省略的表达式的位置空着。如果省略了测试表达式，则假定测试表达式返回 true，此时循环体中应该有其他退出循环的方法以防止 for 语句成为无限循环。如上述使用 for 语句实现 1～N 累加和的代码可以写成如下形式：

```
int N,i=1,sum=0;
N=Convert.ToInt32(Console.ReadLine());                    //从键盘接收 N
for(;i<=N;)
{
    sum=sum+i;
```

```
    i=i+1;
}
Console.WriteLine("sum is {0}", sum);
```

3.5.4 break 语句

break 语句不能单独使用,前面介绍过 break 语句可以用于 switch 语句中,它还能用于 for 语句、foreach 语句(将在后续章节中介绍)、while 语句、do 语句中。在这些语句的语句体中,break 导致执行跳出当前循环。因此,使用 break 语句可以提前结束循环,或者避免无限循环。

【例 3.7】 兔子繁殖问题:有一对兔子,从出生后第 3 个月起每月生一对兔子,每对小兔子长到第 3 个月后每月又生一对兔子,假如兔子都不死,问第几个月才能有 100 对兔子?提示:兔子的规律为数列 1,1,2,3,5,8,…,即从第 3 个月起每个月的兔子是前两个月的兔子之和,这是著名的斐波那契数列。

```
1   using System;
2   class Rabbit
3   {
4       static void Main()
5       {
6           int i, f1=1, f2=1, fn;
7           for(i=3; ; i++)
8           {
9               fn=f1+f2;           //从第 3 个月起每个月的兔子是前两个月的兔子之和
10              if(fn>=100)         //如果兔子已经大于等于 100 对,则退出循环
11              {
12                  Console.WriteLine("第{0}个月才能有 100 对兔子", i);
13                  break;          //找到正确的月份后退出循环,防止造成无限循环
14              }
15              f1=f2;              //变量迭代,计算后续每个月的兔子数目
16              f2=fn;
17          }
18      }
19  }
```

程序运行情况如下:

```
第 12 个月才能有 100 对兔子
```

3.5.5 continue 语句

continue 语句导致程序执行转到当前循环的顶端,它可用在 while 语句、do 语句、for 语句以及 foreach 语句中。continue 语句与 break 语句一样,不能单独使用,其效果就是提早结束当次循环后进入下次循环执行。

【例 3.8】 统计 1～100 有多少个 7 的相关数。提示：7 的相关数指 7 的倍数或某个数位上数字为 7 的数。

```
1    using System;
2    class Seven
3    {
4        static void Main()
5        {
6            int cnt=0;
7            for(int i=1; i<=100; i++)
8            {
9                if(i %7==0)                    //7 倍数
10               {
11                   cnt++;
12                   continue; //i 已确认为 7 的相关数,直接跳过循环,后续代码检查下一个数
13               }
14               int d, t;                      //d 表示个位数,t 表示十位数
15               d=i %10;                       //取 i 的个位数
16               t=(i / 10)%10;                 //取 i 的十位数
17               if(d==7 || t==7)               //个位或十位数字为 7
18                   cnt++;
19           }
20           Console.WriteLine("7 的相关数有{0}个", cnt);
21       }
22   }
```

程序运行情况如下：

```
7 的相关数有 30 个
```

3.5.6 循环结构的嵌套

循环体的语句可以是 C# 中的任何语句。如果循环体中又包含另一个循环语句，此时就构成了循环的嵌套。C# 中的各种循环语句可以相互嵌套，嵌套的层数没有限制。多重循环以倍数关系增加了程序流程中反复执行的操作，使得程序能够以更简练的代码实现更复杂的重复动作。

【例 3.9】 计算 1!+2!+…+N!，假定结果不超过 *int* 类型的表数范围。提示：N! 表示 N 的阶乘，即从 1 累乘到 N 的乘积。

```
1    using System;
2    class FacSum
3    {
4        static void Main()
5        {
6            int sum=0, N;
```

```
7           N=Convert.ToInt32(Console.ReadLine());
8           for(int i=1; i<=N; i++)              //计算 1 到 N 的阶乘累加和
9           {
10              int mul=1;
11              for(int j=1; j<=i; j++)          //计算 i!
12                  mul=mul * j;
13              sum=sum+mul;
14          }
15          Console.WriteLine("1!+2!+…{0}!={1}", N, sum);
16      }
17  }
```

程序运行情况如下:

```
10↙
1!+2!+…+10!=4037913
```

3.5.7 循环结构程序举例

循环结构一般有计数型和条件型两种。计数型循环一般用于处理循环次数已知的循环过程,如计算 1～N 的累加和、累乘积等;条件型循环用于处理循环次数未知的循环过程,称为“次数不定的循环”,在这种循环中由循环条件控制循环何时结束。程序员经常借鉴一些成熟的算法思想,使用循环结构和选择结构来解决应用问题。

1. 枚举法

枚举法,或称为列举法和穷举法,指在所有的可能解集合中一一枚举,使用给定的约束条件判定哪些可能解是无用的,哪些是能使命题成立的解。

【例 3.10】 百钱买百鸡:某人有 100 元钱,打算买 100 只鸡,其中,公鸡 1 只 5 块,母鸡 1 只 3 块,小鸡 3 只 1 块,问可买多少只公鸡、多少只母鸡、多少只小鸡?

分析:该题可采用枚举法。从题意可知可买公鸡 0～20 只,可买母鸡 0～33 只,可买小鸡 0～100 只,枚举出各种鸡的可能数目,然后使用鸡的总数为 100,且花费的钱数为 100 元两个条件进行判定,最终可以找出题目的解。

```
1   using System;
2   class Buychicken
3   {
4       static void Main()
5       {
6           int x, y, z;                      //x、y、z 分别表示公鸡、母鸡和小鸡的数目
7           for(x=0; x<=20; x++)              //枚举公鸡的所有可能数目
8               for(y=0; y<=33; y++)          //枚举母鸡的所有可能数目
9                   for(z=0; z<=100; z++)     //枚举小鸡的所有可能数目
10                      if((x+y+z==100)&&(5 * x+3 * y+z / 3==100)&&(z %3==0))
                                              //使用约束条件筛选解
```

```
11                          Console.WriteLine("公鸡:{0}只,母鸡:{1}只,小鸡:{2}只",
                            x, y, z);
12        }
13  }
```

上述程序运行时,循环体中的 if 语句执行了 $21\times34\times101=72\,114$ 次。因此,使用枚举法解题时,要特别注意可能解集合的选择,选择合适的枚举对象会大幅度提高程序的执行效率。另外,使用枚举法时,约束条件也是需要特别关注的,只有正确的、全面的约束条件才能筛选到满足题目要求的正确解。

使用枚举法时,可以借助题目中的约束条件和数学知识等对枚举算法进行优化,提高程序的执行效率。如例 3.10 中,由于 $x+y+z=100$,因此可以借助 $z=100-x-y$ 的关系去除对 z 的枚举,此时枚举就变成了两层循环,代码片段如下:

```
for(x=0; x<=20; x++)                        //枚举公鸡的所有可能数目
    for(y=0; y<=33; y++)                    //枚举母鸡的所有可能数目
    {
        int z=100-x-y;                      //由公鸡和母鸡数目计算出小鸡的数目
        if((5 * x+3 * y+z / 3==100)&&(z %3==0))
            Console.WriteLine("公鸡:{0}只,母鸡:{1}只,小鸡:{2}只", x, y, z);
    }
```

此时,循环体执行 $21\times34=714$ 次,可以看到程序的效率得到了很大的提高。

当然,对此题还可以进一步优化,如根据两个约束条件 $x+y+z=100$ 和 $5x+3y+z/3=100$,可以将 y 和 z 两个未知数全部使用 x 表示,借此可将程序进一步简化为只枚举公鸡的数目,根据约束条件就可以求出母鸡和小鸡的数目,这样程序的循环体只执行 14 次,程序的优化效果明显。代码请读者自己尝试编写。

2. 迭代法

迭代法也称辗转法,是一种不断用变量的旧值递推新值的过程。使用迭代法求解问题的基本思路如下。

(1) 确定迭代变量。在可以用迭代算法解决的问题中,至少存在一个直接或间接地不断由旧值递推出新值的变量,这个变量就是迭代变量。

(2) 建立迭代关系式。所谓迭代关系式,是指如何从变量的前一个值推出其下一个值的公式(或关系)。迭代关系式的建立是解决迭代问题的关键,通常可以用顺推或倒推的方法来完成。

(3) 对迭代过程进行控制。迭代过程的控制通常可分为两种情况:一种是使用计数型循环解决所需的迭代次数是个确定值的问题;另一种是使用条件型循环解决所需的迭代次数无法确定的问题。

【例 3.11】 使用牛顿迭代法求解方程 $ax^3+bx^2+cx+d=0$ 的根。

分析:牛顿迭代法使用函数 $f(x)$ 的泰勒级数的前面几项来寻找方程 $f(x)=0$ 的根。设 r 是 $f(x)=0$ 的根,选取 $x0$ 作为 r 的初始近似值,过点($x0$,$f(x0)$)做曲线 $y=$

$f(x)$的切线L,L的方程为$y=f(x0)+f'(x0)(x-x0)$,求出L与x轴交点的横坐标$x1=x0-f(x0)/f'(x0)$,称$x1$为r的一次近似值。过点$(x1,f(x1))$做曲线$y=f(x)$的切线,并求该切线与x轴交点的横坐标$x2=x1-f(x1)/f'(x1)$,称$x2$为r的二次近似值。重复以上过程,得r的近似值序列,其中,$x(n+1)=x(n)-f(x(n))/f'(x(n))$称为$r$的$n+1$次近似值,此式称为牛顿迭代公式。

```
1    using System;
2    class NewtonMethod
3    {
4        static void Main()
5        {
6            double a, b, c, d;
7            double x=10000.0;                        //迭代变量
8            Console.WriteLine("请依次输入方程的 4 个系数:");
9            a=Convert.ToDouble(Console.ReadLine());
10           b=Convert.ToDouble(Console.ReadLine());
11           c=Convert.ToDouble(Console.ReadLine());
12           d=Convert.ToDouble(Console.ReadLine());
13           while(Math.Abs(a * x * x * x+b * x * x+c * x+d)>0.000001)
14           {
15               x=x - (a * x * x * x+b * x * x+c * x+d)/(3 * a * x * x+
                 2 * b * x+c);                        //使用迭代公式不断更新 x
16           }
17           Console.WriteLine("方程的根为:{0:f6}", x);
             Console.Read();
18       }
19   }
```

程序运行情况如下:

```
请依次输入方程的 4 个系数:
1↙
2↙
3↙
4↙
方程的根为:-1.650629
```

3.6 异常处理

3.6.1 异常处理的概念

异常是程序运行过程中发生的错误,它违反了一个系统约束或应用程序约束,或出现了在正常操作时未预料的情况,如程序试图进行除0操作等。在这些不合规定或无法预料的情况发生时,系统会捕获这个错误并抛出一个异常。程序可以选择对这个异常进行处理，即进行异常处理。如果程序没有提供处理异常的代码，系统会挂起这个程序。

3.6.2 异常处理的实现

C# 中与异常处理相关的语句有 try、catch、finally 和 throw。

try 语句用来指明被异常保护的代码块，并在异常发生时提供代码以处理异常。try 语句由 3 部分组成，其结构如下：

```
try
{
    语句                                    //被异常保护的语句，即可能抛出异常的代码
}
catch(异常类型 1 异常变量 1)
{
    语句                                    //处理异常类型 1 所描述的异常的程序
}
catch(异常类型 2 异常变量 2)
{
    语句                                    //处理异常类型 2 所描述的异常的程序
}
⋮                                           //可选的更多 catch 块
finally
{
    语句                                    //无论 try 块中有没有抛出异常都要执行的代码
}
```

上述 try 语句结构中，try 块是必需的，catch 块和 finally 块至少存在一个。如果 catch 块和 finally 块都存在，则 finally 块必须放在最后。.NET 基础类库中定义了很多类，每个类代表一个指定的异常。当异常发生时，系统首先创建该类型的异常变量，然后寻找合适的 catch 子句处理它。

throw 语句可以使代码显式地抛出一个异常，其语法如下：

```
throw 异常表达式;  //引发一个异常，此异常的值就是通过计算该表达式而产生的值
throw;             //只能用在 catch 块中，重新引发当前正由该 catch 块处理的那个异常
```

【例 3.12】 处理除零异常。

```
1   using System;
2   class DivideZero
3   {
4       static void Main()
5       {
6           int x, y;
7           x=Convert.ToInt32(Console.ReadLine());
8           y=Convert.ToInt32(Console.ReadLine());
9           try
```

```
10            {
11                double z;
12                z=x / y;
13            }
14            catch(DivideByZeroException e)        //捕获除零异常并处理
15            {
16                Console.WriteLine(e.Message);
17            }
18            finally
19            {
20                Console.WriteLine("In finally!");
21            }
22        }
23    }
```

程序运行情况如下：

```
3↙
0↙
尝试除以零
In finally!
```

3.7 其他语句

除了前面介绍的语句之外，C#中还有其他一些不太常用的语句，下面进行简单介绍。

1. using 语句

using 语句获取一个或多个资源，执行一个语句，然后释放该资源。如下所示，TextWriter 资源打开一个文本文件进行写操作，using 语句块中的语句实现向文本文件写三行内容的操作，写操作完成之后 using 语句隐式产生处置该资源的代码。

```
using(TextWriter w=File.CreateText("test.txt"))    //获取资源
{
    w.WriteLine("Line one");
    w.WriteLine("Line two");
    w.WriteLine("Line three");
}                                                  //释放资源
```

2. lock 语句

lock 语句用于获取某个给定对象的互斥锁，执行一个语句，然后释放该锁。如下代码中通过互斥锁的机制保证对账目修改的正确性。

```
class Account
{
    decimal balance;
    public void Withdraw(decimal amount){
        lock(this)
            //对当前对象加锁,在执行 lock 语句块中语句时,不允许其他代码访问当前对象
        {
            if(amount>balance){
                throw new Exception("Insufficient funds");
            }
            balance=balance - amount;
        }                                       //释放互斥锁
    }
}
```

3. checked 语句和 unchecked 语句

checked 语句和 unchecked 语句用于控制整型算术运算和转换的溢出检查上下文。checked 语句使块中的所有表达式都在一个选中的上下文中进行计算，而 unchecked 语句使它们在一个未选中的上下文中进行计算，功能与 checked 和 unchecked 运算符相同。

```
static void Main(){
    int i=int.MaxValue;
    checked {
        Console.WriteLine(i+1);             //进行异常检查,发生溢出异常
    }
    unchecked {
        Console.WriteLine(i+1);             //不进行异常检查,输出-2147483648
    }
}
```

4. yield 语句

yield 语句用在迭代器块中，作用是向迭代器的枚举器对象或可枚举对象产生一个值，或者通知迭代结束。yield 不是保留字，它仅在紧靠 return 或 break 关键字之前使用时才具有特殊意义。在其他上下文中，yield 可用作标识符。

习题

1. 将 3.141 592 6 按照输出位宽为 8，右对齐，小数点后保留 3 位小数的方式输出。

2. 根据月份数字找出对应月份的英文单词或输出 ERROR。

3. 某运输公司对用户计算运费，路程越远，每千米的收费越低。标准如下（s 表示路程，单位为千米）：

$s<250$,没有折扣;$250\leqslant s<500$,2%折扣;$500\leqslant s<1000$,5%折扣;$1000\leqslant s<2000$,8%折扣;$2000\leqslant s<3000$,10%折扣;$3000\leqslant s$,15%折扣。

其中,每千米每吨货物的基本收费标准为1元,现在请帮助该公司设计一个自动计算运费的程序。

4. 如果n个n位整数满足以下条件,则称它们为友好数:第一个n位数依次循环左移1位、2位、3位……$n-1$位刚好是第2个n位数、第3个n位数、第4个n位数……第n个n位数,如123、231、312就是一组友好数。请判断输入的n个n位整数是不是一组友好数。

5. 邮局的EMS收费标准如下:起重500g以内(含500g)距离不限,基本邮资为20元;每续重500g以内(含500g)收费方法为:1500km以内(含1500km)收费6元,1500~2500km(不含1500km,含2500km)的收费9元;2500km以上收费15元;每个业务收费200元封顶。请根据客户邮寄物品的重量和距离计算应支付的邮费。

6. 一个数如果恰好等于它的因子之和,这个数就称为"完数"。例如,6的因子为1、2、3,而6=1+2+3,因此6是"完数"。请编写程序,输出1~N(包含N)的完数个数。

7. 幼儿园要举办大班毕业舞会,大二班准备的节目为国标舞表演,胡老师选出了3个男孩(A、B、C)和3个女孩(X、Y、Z)组成了演出队。但是,A刚和Y吵了一架,他们不愿意做对方的舞伴,并且X和Y是很要好的好姐妹,所以X也很讨厌A了。C特别喜欢X,一定要X作为他的舞伴才参加节目。请帮胡老师设计一种舞伴的配对方式,使得所有的小朋友都能够满意。

8. 判断一个整数是否是素数。素数为除了1和它本身没有别的因子的数。

9. 数列中相邻两项的商相等的数列称为等比数列。现在有一个等比数列,其前3项分别为:1,2,4。请找出一个最小的整数N(数列项的编码从1开始),使得数列的前N项之和大于整数M。

10. 水仙花数是指一个n位数($n\geqslant 3$),它的每位上的数字的n次幂之和等于它本身。输入一个整数判断其是否为水仙花数。

11. 编写程序,求整数x的a次方的最后3位数。

12. 同构数指这样的一个数,它出现在它的平方数的右端。例如,5的平方是25,5是25中右端的数,所以5是同构数。同理,6也是同构数。编程打印2~N(包含N)的所有同构数。

13. 编程实现将任意的十进制整数M转换成R进制数(R为2~16)。

14. 假设银行整存整取存款不同期限的月息利率分别为:

0.63%,期限1年;0.66%,期限2年;0.69%,期限3年;0.73%,期限5年;0.80%,期限8年

$$利息=本金\times月息利率\times 12\times存款年限$$

现在某人手中有2000元钱,请通过计算选择一种存钱方案,使得钱存入银行20年后得到的利息最多(假定超过存款期限的那一部分时间不付利息)。

15. 用1,2,3,…,9组成3个3位数:abc、def和ghi,每个数字恰好使用了一次,要求abc∶def∶ghi=1∶2∶3。输出所有解。

16. 若一个世纪的100个年号中不存在一个素数，则这个世纪称为合数世纪。求第 n 个合数世纪(公元0年起始)。

17. 从键盘输入一指定金额(以元为单位，数额为int类型)，然后显示支付该金额的各种面额人民币数量，要求钱币的张数最少并显示100元、50元、20元、10元、5元、1元各多少张。

18. 张三说李四在说谎，李四说王五在说谎，王五说张三和李四都在说谎。编写程序判断这3人中谁在说谎，谁在说真话。

第4章

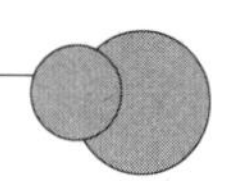

模块化程序设计

类是C#程序中最重要的类型，是C#程序的主要组成单位。方法作为类中最常见、最有用的一种成员，是完成特定任务、实现特定功能的重要编程模式。方法将实现相对独立、具有较高重用频率功能的语句序列集合进行封装，从而实现程序的模块化要求。

随着现实问题越来越复杂，解决应用问题的程序规模也越来越大。如何更高效地编程是设计人员重点考虑的问题，而以“更少的代码，更多的复用”为设计目标的方法无疑是实现高效编程的一个重要手段。

从使用角度看，方法可以分为系统方法和用户自定义方法。系统方法主要包括.NET框架的基础类库(Base Class Library，BCL)中类的方法及其他专业库提供的方法。用户自定义方法是程序中用户自行定义的方法，通常为解决问题的求解模块。从方法所属看，方法分为属于类的静态方法和属于类实例的实例方法，本章仅讨论静态方法。

4.1 方法定义

4.1.1 方法定义的一般形式

方法定义的一般形式为

```
static  返回类型 方法名(形式参数列表)
{
    声明部分
    执行语句
}
```

其中，大括号{…}中称为方法体，第一行称为方法头，或称为方法接口。

C#不允许在方法体内嵌套定义方法，C#中方法之间是级别相同的，不存在包含与被包含关系。方法定义其实就是方法的实现，包括：①确定方法名；②确定方法的形式参数；③确定方法的返回类型；④编写方法体代码。

1. 方法名

方法名是描述方法的重要成分，它使得程序员使用方法时能够按方法名进行引用。因此，实现方法时必须确定方法名。方法名的命名规则遵循C#标识符的命名规则，一般应以大写字母开头，除此之外要尽量做到“见其名知其意”，即方法名要尽量描述出方法所实现的功能。例如求平均值的方法名可以确定为 Aver。

2. 形式参数列表

调用者使用方法时可能需要向方法提供输入的信息，形式参数是调用者与方法之间进行数据交互的桥梁。因此，实现方法时需要确认方法是否有形式参数，有几个形式参数，有什么类型的形式参数。形式参数的一般形式为

```
类型 1 参数名 1,类型 2 参数名 2,…
```

多个参数之间用逗号隔开，并且每个参数描述都必须包括两个成分：类型说明和参数名称，即使多个形式参数的类型相同，也必须对每一个形式参数进行单独的类型说明，例如下面给出的在 3 个整数中找出最大值的方法中参数列表的写法。

```
static int Max(int x,int y,int z)
{
    if(x>y && x>z)                          //形式参数列表中包括 3 个 int 参数
        return x;
    if(y>x && y>z)
        return y;
    else
        return z;
}
```

上述方法中的 3 个参数虽然类型相同，但是方法头不能写成 static int Max(int x,y,z)。

方法没有形式参数时的定义形式为

```
static  返回类型 方法名()
{
    声明部分
    执行语句
}
```

如下方法可打印“ * ”组成的直角三角形：

```
static void PrintStar()
{
    for(int i=1; i<5; i++)
    {
        for(int j=1; j<=i; j++)
            Console.Write("*");
        Console.WriteLine();
    }
}
```

3. 返回类型

定义方法时需要确定其执行完成后是否需要向调用者返回信息,需要向调用者返回什么类型的信息。方法的返回值是方法向调用者返回信息的一个重要途径,由于方法的返回值只能将方法内的信息传递到方法外给调用者,因此称为返回。如上述的 Max 方法返回值为 int 类。方法也可以没有返回数据,此时返回类型应该写成 void,表示没有返回值,如上述 PrintStar 方法。

4. 方法体

实现方法时最重要的就是写方法体。方法体包括声明部分和执行语句,是为了实现一个特定功能的语句序列。方法体的根本目标是为了实现方法的功能,因此方法体中进行哪些声明,编写什么样的执行语句都是由方法的功能决定的。方法体中的声明部分可以声明方法内部需要的任何类型、变量、常量和对象,使用任意的控制结构,使用简单语句、复合语句及调用别的方法等。

方法体内部可以没有任何内容,这时方法不实现任何功能,称为空方法。空方法一般是在进行结构化程序设计时为一个假想方法占位而存在的。

【例 4.1】 编写方法判断某个数是否为完全数。提示:完全数(Perfect Number)又称完美数或完备数,是一些特殊的自然数。它所有的真因子(即除了自身以外的因子数)之和,恰好等于它本身。如

```
6=1+2+3
28=1+2+4+7+14
```

```
1    using System;
2    class PerfectNum
3    {
4        static void Main()
5        {
6            int n;
7            Console.WriteLine("请输入要判断的数值:");
8            n=Convert.ToInt32(Console.ReadLine());
9            Console.WriteLine("{0}是完全数吗?{1}", n, IsPerfect(n));
10           //是完全数则输出 True,否则输出 False
11       }
12       static bool IsPerfect(int n)
13       {
14           int sum=0;
15           for(int i=1; i<n; i++)                //计算 n 的所有真因子之和
16               if(n %i==0) sum=sum+i;
17           if(sum==n)                            //判断是否完全数
18               return true;
```

```
19            else
20                return false;
21        }
22    }
```

4.1.2　方法返回

当程序中出现方法调用时，程序的执行流程跳转到被调用的方法中。如果方法执行时从其第一个语句一直执行到方法体的右括号(})为止，称方法的执行是自然结束的。但是，如果方法执行过程中遇到 return 语句，方法会立刻返回，执行流程立刻结束。一个方法中允许出现多个 return 语句，方法执行过程中只要遇到一个 return 语句，其执行过程就立刻结束。

根据方法有无返回数据，return 语句提供了两种形式：

```
return;                                   //无返回值的形式
return 表达式;                             //有返回值的形式
```

1. 无返回值的方法

当方法无返回值时，其返回类型定义为 void。在这种情况下，可以借助于方法体的右括号(})实现方法执行的自然结束，即不在方法体中使用 return 语句。如果要借助 return 语句来结束方法的执行，则只能使用第一种形式的 return 语句，即不允许该方法体中的 return 语句指定表达式。对无返回值方法的调用描述不允许出现在赋值、运算等需要值信息的地方，这类方法的调用只能以方法调用语句的形式出现。

2. 有返回值的方法

如果方法的返回类型不是 void，则说明方法执行完成后需要向调用者返回信息。在这种情况下，方法体中必须借助 return 语句将返回值传递给方法调用者，不允许此类方法借助右括号(})自然结束。在有返回值的方法体中，每个 return 语句都必须指定一个可隐式转换为返回类型的表达式。

4.2　方法的参数

方法参数的本质是为了在调用者和方法之间实现数据交换，是方法接口的重要组成部分。调用者在调用方法时，需要注意方法参数的个数、类型、位置及传递方向等规定。

4.2.1　形式参数

形式参数简称为形参，指的是方法定义时方法头中的形式参数，这些形式参数在方法未被调用时不占据内存的存储单元，只为了描述方法内的处理机制，其目的是用来接收调用该方法时传入的参数。形式参数是属于方法本身的变量，其初值来源于方法的调用，只有在程序执行过程中调用了方法,形参才有可能得到具体的值,并参与运算执行方法的功能。

4.2.2 实际参数

调用方法时,实际传入方法的参数称为实际参数。实际参数必须有一个确定的值,它可以是常量、变量、表达式,甚至是另一个方法调用的返回值。

实参的传递以形参为依据,其类型、数目、位置都要与形参定义相符合。如果实际参数和形式参数的定义不一致,则在调用方法时会出现编译错误或者逻辑错误。同时,实际参数还必须与方法定义时形式参数的数学、物理等意义相同,否则程序运行也会出现逻辑错误。下面是调用4.1.1节中Max方法的合法实际参数设置:

```
y=Max(4,6,9);                                  //实参为常量
y=Max(a,b,c);                                  //实参为变量
y=Max(4,a,Max(8,b,c));                         //实参为方法调用返回值
```

4.2.3 参数传递机制

根据参数传递机制的不同,C#方法的形式参数分为4种:值形参、引用形参、输出形参及形参数组,通过在形参定义时添加不同的参数描述符来表示。本节介绍前3种形参。

1. 值形参

声明时不带修饰符的形参是值形参。4.1节示例中方法的形参都是值形参。一个值形参对应于方法的一个局部变量,只是它的初始值来自该方法调用所提供的相应实参,即调用时将调用者传递的实参值进行复制后赋给形参。因此,当形参是值形参时,要求方法调用中的对应实参必须可以隐式转换为形参的类型。

在方法执行过程中,允许将新值赋给值参数。但是,这样的赋值只修改该值形参所对应的局部存储单元的内容,对调用者的实参没有任何影响。例如,下面程序中方法Swap的形参x,y值被交换,但是对调用者Main方法的a,b的值没有影响。

```
static void Swap(int x, int y)
{
    int t;
    Console.WriteLine("x is {0},y is {1}", x, y);   //输出 x is 5,y is 3
    if(x>y)
    {
        t=x;
        x=y;
        y=t;
    }
    Console.WriteLine("x is {0},y is {1}", x, y);   //输出 x is 3,y is 5
}
static void Main()
```

```
{
    int a=5,b=3;
    Console.WriteLine("a is {0},b is {1}",a,b);  //输出 a is 5,b is 3
    Swap(a, b);
    Console.WriteLine("a is {0},b is {1}",a,b);  //输出 a is 5,b is 3
}
```

2. 引用形参

用 ref 修饰符声明的形参是引用形参。与值形参不同,引用形参并不创建新的存储位置,其所表示的存储位置就是方法调用时给出的那个实参的存储位置。

当形参为引用形参时,方法调用中的对应实参必须由关键字 ref 并后接一个与形参类型相同的变量组成。变量在可以作为引用形参传递之前,必须先明确赋值。例如下面程序中,Swap 方法中的 x、y 为引用形参,方法内直接操作实际参数 a、b 的存储位置内容,因此 a、b 的值在 Swap 方法执行后被交换了。

```
static void Swap(ref int x, ref int y)
{
    int t;
    Console.WriteLine("x is {0},y is {1}", x, y);  //输出 x is 5,y is 3
    if(x>y)
    {
        t=x;
        x=y;
        y=t;
    }
    Console.WriteLine("x is {0},y is {1}", x, y);  //输出 x is 3,y is 5
}
static void Main()
{
    int a=5,b=3;
    Console.WriteLine("a is {0},b is {1}",a,b);  //输出 a is 5,b is 3
    Swap(ref a, ref b);
    Console.WriteLine("a is {0},b is {1}",a,b);  //输出 a is 3,b is 5
}
```

在采用引用形参的方法中,多个名称可能表示同一存储位置。如下面的示例:

```
void F(ref string a, ref string b)
{
    a="Two";
    b="Three";
}
void G(){
    string s;
```

```
    F(ref s, ref s);                          //F方法中形参a、b都引用变量s
}
```

在G中调用F时,分别为a和b传递了一个对s的引用。因此,对于该调用,名称s、a和b全都引用同一存储位置,因此两个赋值全都修改了同一个变量s的值。

3. 输出形参

用out修饰符声明的形参是输出形参。与引用参数相同,输出形参也不会创建新的存储位置,其所表示的存储位置就是在该方法调用中作为实参给出的那个变量所表示的存储位置。因此,输出参数可用于从方法向调用者传递数据。

当形参为输出形参时,方法调用中的相应实参必须由关键字out并后接一个与形参类型相同的变量组成。变量在可以作为输出形参传递之前不一定需要明确赋值,但是进行方法调用后,该变量将会被明确赋值。而在方法内部,输出形参最初被认为是未赋值的,因而必须在使用它的值之前明确赋值,并且在方法返回之前,该方法的每个输出形参都必须被明确赋值。

由于方法的返回值也可用于向调用者返回数据,因此输出形参通常用在需要产生多个返回值的方法中。例如:

```
static int Search(int x, int y,int z, out int max)
{
    int min,t;
    //下面三个if语句实现将x,y,z从小到大排序
    if(x>y){t=x;x=y;y=t;}
    if(x>z){t=x;x=z;z=t;}
    if(y>z){t=y;y=z;z=t;}
    min=x;
    max=z;
    return min;                    //由方法返回值带回最小值,输出形参带回最大值
}
static void Main()
{
    int a=5,b=3,c=9,Max,Min;
    Min=search(a,b,c,out Max);     //由方法返回值带回最小值,输出形参带回最大值
    Console.WriteLine("Max is {0},Min is {1}",Max,Min);
}
```

4.3 方法调用

4.3.1 方法调用的语法

1. 自定义方法的调用

当编程者实现了一个方法之后就可以对它进行调用,针对方法与调用者是否属于同

一 C#类、方法是否有形参，可将方法的调用分为下面几种形式：

```
方法名(实参列表)                          //调用属于同一个类的有形参方法
方法名()                                  //调用属于同一个类的无形参方法
方法所属的类名.方法名(实参列表)           //调用属于不同类的有形参方法
方法所属的类名.方法名()                   //调用属于不同类的无形参方法
```

在 C#中，方法调用可以下面 3 种方式出现。

1）方法调用表达式

如果方法有返回值，则方法调用可以作为表达式的一项，以方法返回值参与表达式的运算。例如：

```
Min=Search(a,b,c,out Max);
Y=Test.Swap(m,n);                        //调用类 Test 里的自定义方法 Swap
```

当方法返回后，调用者会临时存储其返回值。如果不立刻使用该返回值，则会被调用者清除，因此经常将方法返回值赋给一个变量保存下来。

2）方法调用语句

如果方法没有返回值，或者当前调用对方法的返回值不感兴趣，则可以直接在方法调用的语法形式后加上分号构成方法调用语句。例如：

```
Swap(ref a, ref b);
```

调用没有返回值的方法时，只能使用这种方式。

3）方法调用的实参

对于有返回值方法的调用还可以作为另一个方法调用的实参。例如：

```
y=Max(4,a,Max(8,b,c));
```

2. 库方法的调用

C#语言本身不存在运行库，但可以使用.NET 框架提供的庞大基础类库来获得丰富的功能，同样还可以使用各种专业函数库来实现特定的功能。例如，OpenGL 图形库等。下面介绍如何调用这些类库中的方法。

1）在程序中添加方法所在类库的声明

.NET 框架的基础类库将数量众多的类按照分层组织策略进行管理，即命名空间。要调用某个方法时，需要在程序中声明该方法所属类隶属的命名空间。如要使用输入输出方法时，需要先对类 Console 所属的命名空间 System 进行声明之后才可以使用。

C#中可以借助 using 命名空间指令引入命名空间的声明。它方便了对在其他命名空间中定义的命名空间和类型的使用。using 命名空间指令的形式如下：

```
using 命名空间标识符;
```

using 命名空间指令必须放在源文件的顶端，在任何类型声明之前。

一旦所调用库方法的命名空间被引入程序后，就可以使用与自定义方法的调用语法相同的形式进行调用。例如：

```
using System;
…
Console.WriteLine();
Y=Math.Abs(x);
```

如果没有使用 using 命名空间指令进行命名空间引入，则可以借助完全限定名称指定方法所属的类后进行调用，例如：

```
System.Console.WriteLine();
```

但是，完全限定名会造成所使用的类名称过长，给程序的编写和阅读带来不便。

2）将库方法的目标代码连接到程序中

在连接时，必须存在所调用库方法的实现代码才能够生成可执行文件，否则会出现连接错误。要将库方法的目标代码连接到程序中，主要是配置好开发环境的相关参数，然后由连接器处理。

系统库方法的连接在开发环境中是默认的，一般不用特别设置。但是对于一些专业库的使用，就需要在开发环境中进行设置之后才能够成功调用其中的方法。

4.3.2 常用库方法

1. Math 类

Math 类属于命名空间 System，为三角函数、对数函数和其他通用数学函数提供常数和静态方法。使用 Math 类里提供的方法时需要在源文件顶端添加 using 指令：using System；或者使用完全限定名 System.Math。Math 类中常用的方法有以下几个：

1）Abs 方法

有多种重载方式，实现对整型、浮点型和 Decimal 型数据求绝对值的功能。示例如下：

```
int x,y;
x=Math.Abs(y);                    //源文件顶端使用 using 命名空间指令
x=System.Math.Abs(y);             //类的完全限定名形式
```

2）Acos、Asin、Atan 方法

返回余弦值、正弦值、正切值为指定数字的角度，以弧度为单位。示例如下：

```
double z;
z=Math.Asin(0);                   //z 值为 0
z=Math.Acos(0);                   //z 值约为 1.5708
```

3）Pow 方法

返回指定数字的指定次幂。示例如下：

```
double x=2,y=3,z;
```

```
z=Math.Pow(x,y);                               //z 值为 8
```

4）Max、Min 方法

有多种重载方式，返回两个整型、浮点型和 Decimal 型数据中较大、较小值。示例如下：

```
int a=10,b=5;
x=Math.Min(a,b);                               //x 值为 5
y=Math.Max(a,b);                               //y 值为 10
```

5）Sqrt 方法

返回指定数值的平方根。示例如下：

```
double a=10,b;
b=Math.Sqrt(a);                                //b 值约为 3.1623
```

6）Round 方法

有多种重载方式，对小数值按规定进行舍入。示例如下：

```
double a=3.1415,b;
b=Math.Round(a);                               //b 值为 3
b=Math.Round(a,2);                             //b 值为 3.14
```

7）Truncate 方法

计算指定 Decimal 类型或 Double 类型小数的整数部分。示例如下：

```
double a=3.1415, b;
Decimal c=3.1415M, d;
b=Math.Truncate(a);                            //b 值为 3
d=Math.Truncate(c);                            //d 值为 3M
```

8）Sin、Cos、Tan 方法

返回给定角度的正弦、余弦、正切值。示例如下：

```
double a, b,c;
a=Math.Sin(Math.PI);                           //a 值为 1.22460635382238E-16
b=Math.Cos(Math.PI);                           //b 值为-1
c=Math.Tan(Math.PI);                           //c 值为-1.22460635382238E-16
```

2. String 类

String 类表示文本，即一系列 Unicode 字符。它同样属于 System 命名空间。String 类可认为平时所说的字符串类型，其变量（规范的叫法应称其为对象）是字符的有序集合，用于表示字符串。String 类对象的值是该有序集合的内容，并且该值是不可变的。修改 String 对象的方法实际上是返回一个包含修改内容的新 String 对象。

String 类提供的成员执行以下操作：比较 String 对象，返回 String 对象内字符或字符串的索引，复制 String 对象的值，分隔字符串或组合字符串，修改字符串的值，将数字、日期和时间或枚举值的格式设置为字符串,对字符串进行规范化等。下面对 String 类的常用成员方法进行介绍。

1) Compare 方法

有多种重载形式,比较两个指定的 String 对象,并返回一个整数,指示两者在排序顺序中的相对位置。示例如下:

```
int x,y;
String s1="hello",s2="world";
x=String.Compare("Hello", "World");          //x 值为-1,表示"Hello"小于"World"
y=String.Compare(s1, s2);                    //y 值为-1,表示 s1 小于 s2
```

2) Concat 方法

有多种重载形式,连接一个或多个 String 类变量,或者 Object 类的 String 表示形式。示例如下:

```
String fName="Simon";
String mName="Jake";
String lName="Harrows";
fName=String.Concat(fName, mName);           //fName 值为"SimonJake"
fName=String.Concat(fName, mName,lName);     //fName 值为"SimonJakeHarrows"
```

3) Equals 方法

有多种重载形式,确定两个字符串是否具有相同的值。示例如下:

```
String str1="Hello";
String str2="hello";
bool x=String.Equals(str1, str2);            //x 值为 false
```

3. DateTime 类

1) Compare 方法

对两个日期时间进行比较,并返回一个指示第一个时间是早于、等于还是晚于第二个时间的整数,使用 Compare 方法时需要保证它们是同一时区内的时间。示例如下:

```
DateTime date1=new DateTime(2009, 8, 1, 0, 0, 0);
DateTime date2=new DateTime(2009, 8, 1, 12, 0, 0);
int result=DateTime.Compare(date1, date2); //result 值为-1
```

2) DaysInMonth 方法

返回指定年和月中的天数。示例如下:

```
const int July=7;
int daysInJuly=DateTime.DaysInMonth(2001, July);        //daysInJuly 值为 31
```

3) Equals 方法

返回一个值,该值指示 DateTime 的两个变量或常量是否相等。示例如下:

```
DateTime date1=new DateTime(2009, 8, 1, 0, 0, 0);
DateTime date2=new DateTime(2009, 8, 1, 12, 0, 0);
bool result=DateTime.Equals(date1, date2);        //result 值为 False
```

4) IsLeapYear 方法

返回指定的年份是否为闰年的指示。示例如下：

```
int year=2012;
bool result=DateTime.IsLeapYear(year);            //result 值为 True
```

4.3.3 方法调用的两种形式

1. 嵌套调用

方法的嵌套调用指在调用一个方法的过程中，又调用另一个方法。C# 允许方法多层调用。

【例 4.2】 方法嵌套调用示例：编写方法将 1～100 的完全数写成其各个真因子之和的形式，如：

```
6=1+2+3
```

```
1   using System;
2   class PerfectNum
3   {
4       static void Main()
5       {
6           int n;
7           for(n=1; n<=100; n++)                    //对 1~100 的所有数据进行判断分解
8               DecomPerfect(n);
9       }
10      static bool IsPerfect(int n)
11      {
12          int sum=0;
13          for(int i=1; i<n; i++)                   //计算 n 的所有真因子之和
14              if(n %i==0) sum=sum+i;
15          if(sum==n)                               //判断是否完全数
16              return true;
17          else
18              return false;
19      }
20      static void DecomPerfect(int n)
21      {
22          if(IsPerfect(n))
23          {
24              Console.Write("{0}=1", n);
```

```
25                for(int i=2; i<n; i++)           //输出n除1之外的所有真因子
26                if(n %i==0)Console.Write("+{0}", i);
27                    Console.WriteLine();
28            }
29        }
30    }
```

程序运行情况如下：

```
6=1+2+3
28=1+2+4+7+14
```

上述程序的执行过程描述如下。

(1) 执行 Main 方法的开头部分；

(2) 调用方法 DecomPerfect,流程转去 DecomPerfect 方法；

(3) 执行 DecomPerfect 方法的开头部分；

(4) 调用方法 IsPerfect,流程转去 IsPerfect 方法；

(5) 执行 IsPerfect 方法直至结束；

(6) IsPerfect 方法回到调用处,即 DecomPerfect 方法中；

(7) 继续执行 DecomPerfect 方法的剩余部分,直至结束；

(8) DecomPerfect 方法回到调用处,即 Main 方法中；

(9) 继续执行 Main 方法；

(10) 重复步骤(2)～(9),直至循环结束；

(11) 继续执行 Main 方法的剩余部分,直至结束。

2. 递归调用

方法直接或间接地调用自己,称为递归调用。递归会产生很优雅的代码。C#允许方法实现直接递归调用和间接递归调用,如图 4.1 所示。

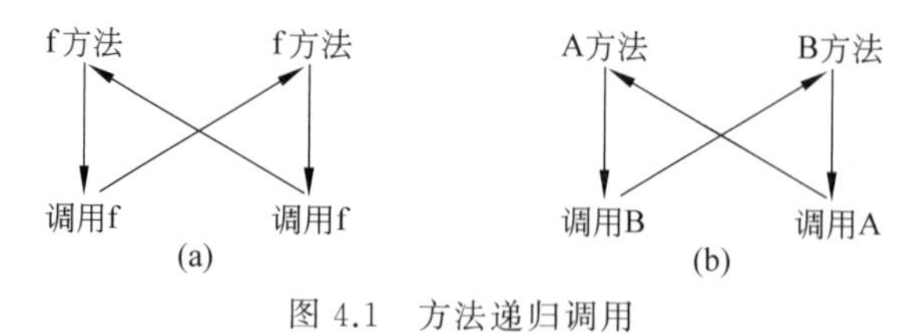

图 4.1 方法递归调用

【例 4.3】 方法递归调用示例：使用方法递归调用实现例 3.7 的兔子繁殖问题。

```
1   using System;
2   class Rabbit
3   {
4       static void Main()
5       {
6           int i;
```

```
7           for(i=1; ; i++)
8           {
9               if(F(i)>=100)           //如果兔子已经大于或等于 100 对,则退出循环
10              {
11                  Console.WriteLine("第{0}个月才能有 100 对兔子", i);
12                  break;              //找到正确的月份后退出循环,防止造成无限循环
13              }
14          }
15      }
16      static int F(int n)             //求解每个月的兔子对数
17      {
18          if(n==1 || n==2) return 1;    //第 1 个和第 2 个月兔子的数目为 1 对
19          else
20              return F(n -1)+F(n -2);  //第 3 个月起兔子是前两个月的兔子之和
21      }
22  }
```

程序运行情况如下：

```
第 12 个月才能有 100 对兔子
```

使用递归求解问题,通常可以将一个比较大的问题层层转化为一个与原问题相类似的、规模较小的问题进行求解,最终实现对原问题的求解。但是,使用递归时一定要注意必须具备让递归结束的条件。由于递归理解起来稍微困难,此处再列举一个示例。

【例 4.4】 将用户输入的字符串逆序输出,输入的字符串以“!”结束。

```
1   using System;
2   class Reverse
3   {
4       static void Main()
5       {
6           F();
7       }
8       static void F()
9       {
10          char c;
11          c=Convert.ToChar(Console.Read());
12          if(c !='!')F();
13          Console.Write(c);
14      }
15  }
```

程序运行情况如下：

```
Hello!↙
!olleH
```

从例 4.4 可以看出,借助递归调用时为每次方法调用开辟的内存空间(有兴趣的读者可以参考方法调用栈的相关内容)可以存储执行流程中难以保存的大量信息,简化程序的代码编写。

4.4 命名参数

在 C# 中,进行方法调用时,每个实参的位置都必须一一对应相应形参的位置,这种参数称为位置参数。但是从 C# 4.0 开始,方法调用时支持命名参数机制,即只要显式指定参数的名称,就可以以任意顺序在方法调用中列出实参。使用命名参数时需注意:

(1) 方法的声明与使用位置参数的方法声明完全一样。

(2) 进行方法调用时,形参的名字后必须跟着冒号和实际的参数值或表达式,如以下形式所示:

方法名(形参名:对应的实参值,…,形参名:对应的实参值)

另外,进行方法调用时,可以混合使用位置参数和命名参数两种机制,但是必须先列出所有的位置参数。

【例 4.5】 使用命名参数进行方法调用的示例。

```
1   using System;
2   class Volumn
3   {
4       static void Main()
5       {
6           Console.WriteLine(Volumn(10, 5, 3));     //体积为 150,使用位置参数
7           Console.WriteLine(Volumn(w: 6, l: 8, h: 5)); //体积为 240,使用命名参数
8           Console.WriteLine(Volumn(5, h: 4, w: 3));    //体积为 60,混合使用两种参数
9       }
10      static int Volumn(int l, int w, int h)
11      {
12          return l * w * h;
13      }
14  }
```

命名参数对于自描述的程序很有用,它可以帮助程序员在进行方法调用时显示哪个值赋给了哪个形参,使得方法调用时不容易出错,增加程序代码的可读性。

4.5 可选参数

4.5.1 带可选参数的方法

C# 允许在方法定义时为形参指定默认值,具有默认值的参数称为默认参数。由于

具有默认值的默认参数在进行方法调用时可以包含，也可以省略，因此这个参数也被称为可选参数。其一般形式为

```
static  返回类型 方法名(类型 1 参数名 1,…,类型 可选参数名=默认值)
{
    声明部分
    执行语句
}
```

如下 Calc 方法中 b 参数具有默认值 3：

```
static  int Calc(int a,int b=3)
{
    return a+b;
}
```

因此，对 Calc 方法调用时，可以只有一个参数，这时参数 b 使用默认值 3；也可以有两个参数。如下所示都是对方法 Calc 的正确调用：

```
int r0=Calc(5,6);                          //形参 b 使用显示值 6,r0 的值为 11
int r1=Calc(5);                            //形参 b 使用默认值 3,r1 的值为 8
```

对于可选参数的声明，需要注意：

(1) C# 中并不是所有的参数类型都可以作为可选参数。只有值类型的默认值在编译时可以确定，因此值类型的参数可以作为可选参数；只有默认值为 null 的引用类型参数才可以作为可选参数。

(2) 所有必填参数必须在可选参数之前声明。如果有 params 参数，即形参数组，则必须在可选参数之后声明。

4.5.2 可选参数方法的调用

可选参数实际上是编译器根据方法定义时的可选参数设置，对方法调用时没有给出来的实参自动使用可选参数的默认值"补齐"再进行编译，如图 4.2 所示。

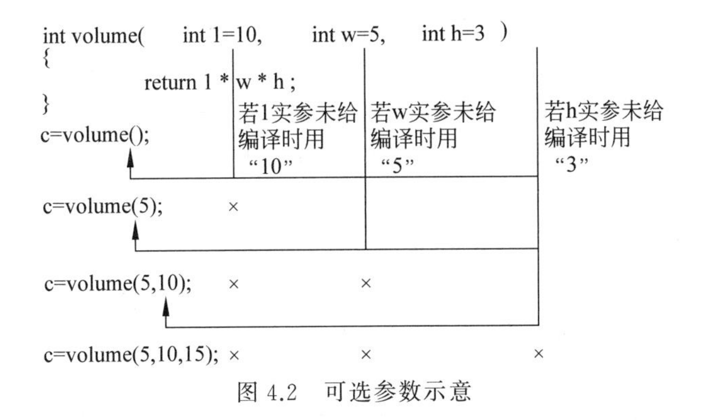

图 4.2　可选参数示意

从图 4.2 中可以看出，具备可选参数的方法在调用时可以省略相应的实参，从而为可

选参数使用默认值。但是在很多情况下,不能随意省略可选参数。对于可选参数的省略必须遵守下面的规则,以防止所使用的可选参数不明确。

(1) 省略可选参数时,必须从参数列表的最右边开始省略,一直到列表开头。

(2) 如果要随意省略可选参数,而不是从列表的最右边开始,则必须使用可选参数的名称来消除赋值的歧义。

【例 4.6】 具有可选参数的方法调用示例。

```
1    using System;
2    class Volumn
3    {
4        static void Main()
5        {
6            Console.WriteLine(Volumn());    //体积为 150,使用全部可选参数的默认值
7            Console.WriteLine(Volumn(5));   //体积为 75,使用可选参数 w 和 h 的默认值
8            Console.WriteLine(Volumn(5, 4));  //体积为 60,使用可选参数 h 的默认值
9            Console.WriteLine(Volumn(5, 4, 7));  //体积为 140,不使用可选参数的默认值
10           Console.WriteLine(Volumn(w: 2));  //体积为 60, w 重新赋值
11       }
12       static int Volumn(int l=10, int w=5, int h=3)
13       {
14           return l * w * h;
15       }
16   }
```

4.6 方法重载

4.6.1 方法重载定义

在实际编程中,有时需要定义一组方法,使它们实现同一类的功能应用在参数类型、参数个数上有所不同的情况。这时就可以将这一组方法命名为相同的名称,使得方法使用者使用一类功能时只须记忆一个方法名,不必关心每个具体方法的更细节问题。C#的这种一个类中超过一个方法具有相同名称的现象称为方法重载。

在 C# 中,实现方法重载时必须保证使用相同名称的每个方法有一个和其他方法不同的签名,并且判断方法重载是否合法时,编译器只考察这个方面。方法的签名信息包括:

(1) 方法名称。

(2) 参数的数目。

(3) 参数的数据类型和顺序。

(4) 参数的修饰符。

需要特别注意,方法的返回类型和方法的形参名称不是方法签名的一部分。下面是一些合法的和不合法的方法重载示例。

```
//合法的方法重载
class A
    {
        long AddValues(int a,int b){return a+b;}
        long AddValues(int x,int y,int z){return x+y+z;}
        float AddValues(float f1,float f2){return f1+f2;}
        long AddValues(int x, int y, out int z){ z=x+y; return x+y+z; }
}

//不合法的方法重载
class B
    {
        long AddValues(int a,int b){return a+b;}
        long AddValues(int x, int y){return x+y; }
    }
```

【例 4.7】 方法重载示例。

```
1    using System;
2    class Test
3    {
4        static void Main()
5        {
6            //调用 static int Max(int a, int b, int c),输出 10
7            Console.WriteLine(Max(10, 5, 3));
8            //调用 static int Max(int a, int b),输出 4
9            Console.WriteLine(Max(3, 4));
10           //调用 static double Max(double x, double y),输出 4.3
11           Console.WriteLine(Max(3.0, 4.3));
12       }
13       static int Max(int a, int b){ if(a>b)return a; else return b; }
14       static int Max(int a, int b, int c)
15       {
16           if(a>b && a>c)
17               return a;
18           if(b>a && b>c)
19               return b;
20           return c;
21       }
22       static double Max(double x, double y)
23       { if(x>y)return x; else return y; }
24   }
```

从例 4.7 可以看出,程序中有 3 个 Max 调用,编译器会根据方法签名自动匹配调用哪个版本的 Max 方法,无须程序员关心。方法重载在类和对象中应用很多,尤其是类的多态性中。在以后会碰到更多更丰富的重载应用。

4.6.2 重载方法的调用

对于方法使用者来说，重载方法的调用和普通方法的调用没有什么区别。它使用同一个方法名对应实现相似功能的一组方法，使得程序员调用时非常方便。

前面说过，调用重载方法时，编译器会根据参数类型、参数数目、参数位置等来自动解析当前方法调用哪个版本的方法，编译器解析的结果可能会有以下3种情况。

(1) 找到与实参唯一匹配的方法，则调用该方法。

(2) 找不到与实参匹配的方法，报告编译错误。

(3) 存在多个与实参匹配的方法，并且没有明显的选择，则编译器报告该方法调用存在二义性。

一般情况下，重载方法有不同类型、不同数目的参数时，能够很明确地判断出调用哪个方法版本。但是，如果方法调用时存在参数的隐式类型转换时，编译器的解析难度会大大增加。其解析步骤如下：

(1) 确定与该调用相对应的重载方法集合，称为候选方法。候选方法与被调用方法名称相同，并且在调用点上其声明可见。

(2) 从候选方法中选择一个或多个方法，它们能够使用方法调用中指定的实参来调用，称为可行方法。可行方法的形参个数要与调用的实参数目相同，同时调用的实参类型必须与可行方法的形参类型对应匹配，或可隐式转换为相应的类型。

(3) 在可行方法中寻找最优方法，其寻找依据如下：

① 实参类型与形参类型完全对应，则该方法即为最优方法。

② 每个实参类型与形参类型都接近，则调用该方法。

③ 至少有一个实参类型与形参类型接近程度优于其他方法，则调用该方法。

④ 逐个分析实参后仍找不到唯一的候选方法，则编译器将提示调用具有二义性。

如例4.7中，方法调用 Max(3, 4)根据方法名可确定候选方法有 static int Max(int a, int b)和 static double Max(double x, double y)，并且这两个方法都是可行方法，然后按照寻找最优方法的依据可以找到 static int Max(int a, int b)即为该次方法调用匹配的最优方法。

习题

1. 求 n 的阶乘，要求设计方法 Fact 实现阶乘的求解。

2. 输出 1～M 内的素数，要求用方法 IsPrime 判断 n 是否为素数。

3. 小明在商店帮妈妈卖东西，请帮他查找一种给顾客找零钱的方法，要求找出的纸币张数最少(只有1元、5元、10元、20元、50元和100元6种面值的纸币)。请设计方法 Change，根据输入的找零金额输出找零方案。

4. 用递归法将一个长整型数 n 逆序输出。例如输入483，输出384。n 的位数不确定，可以是有效范围内的任意位数。

5. 已知 ACK 函数对于 $m \geqslant 0$ 和 $n \geqslant 0$ 有定义：$\mathrm{ACK}(0,n)=n+1$、$\mathrm{ACK}(m,0)=\mathrm{ACK}(m-1,1)$、$\mathrm{ACK}(m,n)=\mathrm{ACK}(m-1,\mathrm{ACK}(m,n-1))$。输入 m 和 n，求解 ACK 函数。

6. A 和 B 不是简单的整数，而是两个时间，A 和 B 都由 3 个整数组成，分别表示时、分、秒。比如，假设 A 为 34 45 56，就意味着 A 所表示的时间是 34 小时 45 分钟 56 秒。编程实现 $A+B$。

7. 编写方法计算输入数据 N 的整数部分位数。

8. 编写方法计算输入的 3 个线段 a、b、c 组成的三角形的面积，不能组成三角形时给出错误提示。

9. 统计 $M \sim N$（含 M 和 N）中数字 8 出现的次数，即要求判断一个数有几位 8，这个数字用方法实现。

10. 编写方法输出杨辉三角。

11. Hanoi 塔问题：设有 A、B、C 3 个塔座，在塔座 A 上共有 n 个圆盘，这些圆盘自上而下从小到大地叠在一起。现要求将塔座 A 上的这些圆盘移到塔座 C 上，并仍按照同样的顺序放置，且在移动过程中遵守：①每次只能移动一个圆盘；②不允许将较大的圆盘压在较小的圆盘上；③移动中可以使用 A、B、C 任一塔座。编程显示移动步骤。

第5章

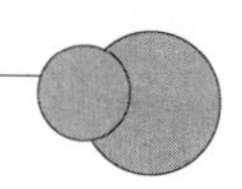

批量数据的表示与处理

在现实应用问题中，经常会用到大批量的数据，比如管理全校学生的成绩、管理图书馆的所有图书等。对于大批量数据的表示，C＃提供了数组类型。数组类型表示一组数据的集合，使用数组可以方便地定义一个名字（数组名）来表示大批量的数据（数组元素），同时数组支持通过循环结构实现批处理大量的数据。

C＃中，数组（Array）是一种包含若干变量的数据结构，这些变量都可以通过计算索引进行访问。数组中包含的变量，又称数组的元素（Element）具有相同的类型，该类型称为数组的元素类型（Element Type）。

数组类型为引用类型，数组名为实际的数组引用留出空间。实际的数组实例在运行时使用 new 运算符动态创建，该运算符自动将数组的元素初始化为它们的默认值，例如，将所有数值类型初始化为零，将所有引用类型初始化为 null。

这里先介绍几个 C＃中与数组相关的重要定义。

（1）元素：数组的独立数据项称为元素。数组的所有元素必须是相同类型的，或继承自相同类型。

（2）秩/维度：数组可以有任何为正整数的维度数。数组的维度就是秩（Rank）。

（3）维度长度：数组的每个维度都有一个长度，就是这个方向的位置个数，称为维度长度。

（4）数组长度：数组中所有维度上元素个数的总和称为数组长度。

5.1 一维数组的定义与使用

5.1.1 一维数组的定义与初始化

1. 一维数组的定义

使用数组之前必须先对其进行定义。一维数组的定义形式如下：

```
元素类型[] 数组名称=new 元素类型[数组长度];
```

或将数组定义分为两个步骤完成：

```
元素类型[] 数组名称;
数组名称=new 元素类型[数组长度];
```

在 C# 中，new 关键字可用作运算符、修饰符或约束。此处 new 关键字用作运算符，用来创建数组实例，此时会在内存中为数组申请空间。

例如：

```
int[] iSeason=new int[4];
string[] month;
month=new string[12];
```

一维数组的定义说明：

(1) 一维数组是由元素类型、数组名和长度组成的构造类型。元素类型指示存放在数组中的元素是什么类型，C# 中数组元素的类型可以是值类型或引用类型。

(2) 数组名必须符合 C# 中标识符的命名规则。

(3) 数组长度必须大于或等于 1，表示数组中元素的个数。数组在创建之前，数组长度必须已知，并且数组一旦被创建，其大小就固定了。命名空间 System.Collections 中的 ArrayList 类可实现动态数组。

(4) 数组的索引号从 0 开始，即如果维度长度为 n，索引号的范围就是 $0 \sim n-1$。

2. 一维数组的存储形式

一维数组是指定类型、指定数目的元素的数据集合，其每个元素的数据类型都相同，因而元素的内存形式也是相同的。C# 中一维数组元素是连续存放的，即在内存中一个元素紧跟着另一个元素线性排列，所以一维数组的存储形式就是多个元素内存形式连续排列的结果，即一维数组的数组元素按递增索引顺序存储，从索引 0 开始，到索引数组长度−1 结束。

C# 通过数组名加相对偏移量来查找元素，相对偏移量由索引计算生成，索引表示元素在数组中的位置。最前面元素的索引值为 0，索引的值规律递增，n 个元素的数组最后一个元素的索引是 $n-1$。每个元素的内存长度由元素的类型确定。

3. 一维数组的初始化

当数组被创建之后，每个元素被自动初始化为元素类型的默认值。对于预定义的类型，整型默认值为 0，浮点型默认值为 0.0，布尔型默认值为 false，而引用类型的默认值为 null。

同时，C# 还支持对数组的显式初始化，即在创建数组时包括初始化列表来设置显式表达式，数组显式初始化的一般形式如下：

```
元素类型[] 数组名称=new 元素类型[数组长度]{与数组大小相等个数的元素值列表};
```

当初始化时，初值的个数一定要与数组大小相等，否则会出现编译错误。下面是正确的一维数组初始化示例：

```
int[] iSeason=new int[4]{1,2,3,4};
string[] month=new string[12]
{"Jan","Feb","Mar","Apr","May","Jun","Jul","Aug","Sep","Oct","Nov","Dec"};
```

对一维数组进行显式初始化时,需要注意:

(1) 初始值必须有逗号分隔,并封闭在一对大括号内。

(2) 维度长度是可选的,因为编译器可以通过初始值的个数来推算出长度,例如:

```
int[] iSeason=new int[]{1,2,3,4};
string[] month=new string[]{"Jan","Feb","Mar","Apr","May","Jun","Jul","Aug",
"Sep","Oct","Nov","Dec"};
```

(3) 需要注意在数组创建表达式和初始化列表之间没有任何分隔符。

(4) 为了书写方便,一维数组的初始化还可以写成下面的简洁形式:

```
int[] iSeason={1,2,3,4};
string[] month={"Jan","Feb","Mar","Apr","May","Jun","Jul","Aug","Sep","Oct",
"Nov","Dec"};
```

但是,此种简洁形式只能用于数组声明的同时进行初始化。

5.1.2 一维数组元素的引用

数组必须先定义后使用,且只能逐个引用数组元素的值,不能一次性引用整个数组。数组元素的引用是通过下标得到的,一般形式为

数组名[下标表达式]

其中,一对方括号[]为下标引用运算符,见表5.1。

表5.1 下标引用运算符

类 别	运算符	用 法	功 能	结合性	示 例
一元运算符	[]	op1[op2]	下标引用	自左向右	iSeason[0]

下标引用运算符在所有运算符中优先级较高,其作用是引用数组中的指定元素,运算结果为左值(即元素本身),因此可以对运算结果做赋值、自增、自减等运算。例如:

```
int[] A=new int[4]{1,2,3,4};
int x;
x=A[0];                          //x被赋值为A[0],即值为1
A[2]=10;                         //A[2]被重新赋值,数组A变为{1,2,10,4}
A[3]++;                          //A[3]自增,数组A变为{1,2,10,5}
```

使用下标引用运算符时需注意:

(1) op1必须为数组名,op2为下标表达式,表示数组元素的索引。下标表达式可以为常量、常量表达式、变量及变量表达式,但必须为整数,并且不能是负数。数组元素的下标从0开始,与其内存形式对应。C#约定数组最前面的元素为第0个元素,然后是第1个、第2个……

(2) 元素的下标值不能超过数组的长度,否则会导致数组下标越界的严重错误。但是,编译时并不会出错,程序运行时会提示“索引超出了数组界限”的错误异常。

(3) 数组不允许以整体形式进行算术运算等，但是 C# 支持数组的整体赋值。

【例 5.1】 从键盘输入并逆序输出 12 个月的英文缩写。

程序代码如下：

```
1    using System;
2    class ArrayMonth
3    {
4        static void Main()
5        {
6            string[] month=new string[12];  //定义数组保存 12 个月的英文缩写
7            for(int i=0; i<12; i++)      //输入 12 个月的英文缩写赋给数组的相应元素
8                month[i]=Convert.ToString(Console.ReadLine());
9            for(int i=11; i>=0 ; i--)          //逆序输出数组中保存的 12 个月英文缩写
10             Console.WriteLine(month[i]);
11       }
12   }
```

【例 5.2】 把数组 A 的元素复制到数组 B 中。

分析：C# 支持的复制数组方法有两种，分别为逐元素复制和整体复制。

逐元素复制的程序代码如下：

```
1    using System;
2    class ArrayCopy
3    {
4        static void Main()
5        {
6            int[] A=new int[] { 1, 2, 3, 4 };
7            int[] B=new int[4];
8            for(int i=0; i<4; i++)                    //逐元素复制
9                B[i]=A[i];
10           for(int i=0; i<4; i++)
11               Console.WriteLine(B[i]);
12       }
13   }
```

数组整体复制程序代码如下：

```
1    using System;
2    class ArrayCopy
3    {
4        static void Main()
5        {
6            int[] A=new int[] { 1, 2, 3, 4 };
7            int[] B=new int[4];
8            B=A;                                      //整体复制
9            for(int i=0; i<4; i++)
```

```
10                  Console.WriteLine(B[i]);
11          }
12    }
```

5.2 多维数组的定义与引用

虽然进行批量数据表示时,一维数组的使用频率很高,但是在一些情况下也可能需要多维数组。C#中允许定义多维数组,多维数组的每个元素又是一个数组,称为子数组。

C#中多维数组有两种类型:矩形数组和交错数组。矩形数组是某个维度的所有子数组有相同长度的多维数组,并且不管该矩形数组有多少维度,总是使用一组方括号进行所有维度描述。交错数组是每个子数组都是独立数组的多维度数组,子数组长度可以具有不同的长度,并且数组的每个维度使用一组方括号来描述。相比交错数组,矩形数组具有较高的使用频率。

5.2.1 矩形数组的定义与初始化

1. 矩形数组的定义

矩形数组的一般定义形式如下:

```
元素类型[,,…,] 数组名称=new 元素类型[第一维数组长度, 第二维数组长度,…, 第N维数组长度];
```

或将数组定义分为两个步骤完成:

```
元素类型[,,…,] 数组名称;
数组名称=new 元素类型[第一维数组长度, 第二维数组长度,…, 第N维数组长度];
```

例如:

```
int[,] A=new int[3,3];
int[,,] B;
B=new int[2,3,4];
```

多维数组的定义说明:

(1) 多维数组声明中方括号内的逗号是秩说明符,它们指定了数组的维度数。秩就是逗号数量加1。比如,一个逗号代表二维数组,两个逗号代表三维数组,以此类推。

(2) 多维数组声明时,原则上可以使用任意多的秩说明符,即C#支持任意多维的数组。

(3) 多维数组的秩作为数组类型的一部分,而维度长度不是类型的一部分。

(4) 多维数组一旦声明,其维度数就被固定。但是,其维度长度需要在创建数组时才会被确定。

2. 矩形数组的存储形式

矩形数组的存储形式类似一维数组,也是顺序存储的方法,数组元素的存储方式是:

首先增加最右边维度的索引，然后是左边紧邻的维度，以此类推，直到最左边。原则上，可将任意维度的数组都视为线性的。

3. 矩形数组的初始化

矩形数组被创建之后，可以借助 new 运算符将每一个元素自动初始化为类型的默认值。

C#也支持对矩形数组进行显式初始化，一般形式如下：

```
元素类型[,,…,] 数组名称=new 元素类型[第一维数组长度, 第二维数组长度,…, 第N维数组长度]{用大括号和逗号分隔的与数组大小相等个数的元素值列表};
```

例如：

```
int[,] A=new int[3,3]{{1,2,3},{4,5,6},{7,8,9}};
int[,,] B=new int[2,3,4]{{{1,2,3,4},{5,6,7,8},{9,10,11,12}},{{13,14,15,16},
{17,18,19,20},{21,22,23,24}}};
```

对多维数组进行显式初始化时，需要注意：

(1) 初始值必须按照多维数组的维度和每一维的长度使用大括号进行封闭，并且每个初始值向量必须有逗号分隔，且每个初始值向量里的初始值之间也要使用逗号分隔。

(2) 维度长度是可选的，因为编译器可以通过初始值的个数来推算出长度，但是表示数组秩的逗号不能省略。例如：

```
int[,] A=new int[,]{{1,2,3},{4,5,6},{7,8,9}};
```

(3) 为了书写方便，多维数组的初始化还可以写成下面的简洁形式：

```
int[,] A={{1,2,3},{4,5,6},{7,8,9}};
```

但是，此种简洁形式只能用于数组声明的同时进行初始化。

5.2.2 矩形数组元素的引用

矩形数组元素的引用与一维数组相似，只能逐个引用数组元素的值，不能一次性引用整个数组。数组元素引用是通过下标得到的，一般形式为

```
数组名[下标表达式 1,下标表达式 2,…,下标表达式 N]
```

或

```
数组名[下标表达式 1][下标表达式 2]…[下标表达式 N]
```

矩形数组中元素每一维的下标相互独立，各自标识在本维度的位置。例如：

```
int[,] A=new int[3,3]{{1,2,3},{4,5,6},{7,8,9}};
int x;
x=A[0,1];                  //x值为2
A[2,2]=10;                 //A[2,2]被重新赋值,数组A变为{{1,2,3},{4,5,6},{7,8,10}}
```

【例 5.3】 从键盘给一个二维矩形数组输入信息并按行列输出。

程序代码如下：

```
1   using System;
2   class ArrayScan
3   {
4       static void Main()
5       {
6           int[,] A=new int[3, 4];                 //定义二维矩形数组
7           for(int i=0; i<3; i++)                  //双重循环实现二维数组元素的输入
8               for(int j=0; j<4; j++)
9                   A[i, j]=Convert.ToInt32(Console.ReadLine());
10          for(int i=0; i<3; i++)                  //双重循环实现二维数组元素的输出
11          {
12              for(int j=0; j<4; j++)
13                  Console.Write("{0,5:d}", A[i, j]);
14              Console.WriteLine();                //每输出一行之后换行
15          }
16      }
17  }
```

程序运行情况如下：

```
1↙
2↙
3↙
4↙
5↙
6↙
7↙
8↙
9↙
10↙
11↙
12↙
    1    2    3    4
    5    6    7    8
    9   10   11   12
```

5.2.3 交错数组的定义与使用

1. 交错数组的定义和初始化

交错数组是数组的数组。与矩形数组不同，交错数组的子数组可以有不同数目的元素。一般情况下，交错数组的声明和创建是分层进行的，如二维交错数组的声明方式

如下：

```
元素类型[][] 数组名称=new 元素类型[顶层数组大小][];
数组名称[0]=new 元素类型[第一个子数组的大小];
数组名称[1]=new 元素类型[第二个子数组的大小];
数组名称[2]=new 元素类型[第三个子数组的大小];
```

对交错数组进行定义的同时也可以进行显式初始化，语法与矩形数组相似。例如：

```
int[][] Arr=new int[3][];
Arr[0]=new int[]{10,20,30};
Arr[1]=new int[]{40,50,60,70};
Arr[2]=new int[]{80,90};
```

2. 交错数组元素的引用

交错数组元素的引用也是通过下标得到的，一般形式为

数组名[下标表达式 1][下标表达式 2]…[下标表达式 *N*]

交错数组中元素每一维的下标相互独立，各自标识数组元素在本维度的位置。例如：

```
int[][] Arr=new int[3][];
Arr[0]=new int[]{10,20,30};
Arr[1]=new int[]{40,50,60,70};
Arr[2]=new int[]{80,90};
int x;
x=Arr[0][1];   //x 值为 20
Arr[2][1]=10;  //Arr[2,2]被重新赋值,数组 Arr 变为{{10,20,30},{40,50,60,70},{80,10}}
```

【例 5.4】 交错数组的遍历。

程序代码如下：

```
1    using System;
2    class ArrayScan
3    {
4        static void Main()
5        {
6            int[][] Arr=new int[3][];
7            Arr[0]=new int[] { 10, 20, 30 };
8            Arr[1]=new int[] { 40, 50, 60, 70 };
9            Arr[2]=new int[] { 80, 90 };
10           for(int i=0; i<Arr.GetLength(0); i++)
11                     //借助 GetLength 方法获得 Arr 的维度长度,即 Arr 包括几个子数组
12           {
13               for(int j=0; j<Arr[i].GetLength(0); j++)
14                     //借助 GetLength 方法获得 Arr[i]的维度长度,即每个子数组的大小
```

```
15                  Console.Write("{0,5:d}", Arr[i][j]);
16              Console.WriteLine();
17          }
18      }
19  }
```

程序运行情况如下：

```
10   20   30
40   50   60   70
80   90
```

5.3 数组应用程序举例

5.3.1 foreach 语句

对数组进行遍历时，除了可以采用第 3 章学过的循环语句(如 5.1 节和 5.2 节使用的 for 语句)之外，这里再介绍一个对数组进行遍历时更常用的语句——foreach 语句。foreach 语句用于枚举一个集合的元素，此处只讨论 foreach 语句在数组操作中的应用。foreach 语句的语法如下：

```
foreach(数据类型 变量 in 数组名)
    语句
```

使用 foreach 语句需要注意：

(1) foreach 语句中数据类型和变量组成一个临时迭代变量声明。foreach 语句使用迭代变量来连续表示数组中的每一个元素。

(2) 对临时迭代变量的声明，其数据类型可以显式地声明为数组中元素的类型，也可以使用 var 关键字来隐式提供它的类型，然后由编译器根据数组的类型推断临时迭代变量的类型。

(3) 迭代变量是只读的，不能被修改。这包括两层含义：第一，对于值类型的数组不能改变数组的数据；第二，对于引用类型的数组不能改变实际数据的引用，但是实际数据有可能通过迭代变量被修改。

(4) foreach 语法格式中的语句是要为数组中的每个元素执行一次的简单语句或语句块。

(5) 使用 foreach 语句遍历数组时，不需要设置循环条件，数组遍历更简单快捷，也更安全，尤其对于多维矩形数组的遍历，只需一个 foreach 语句即可实现。

【例 5.5】 使用 foreach 语句实现一维数组元素的遍历。

程序代码如下：

```
1   using System;
2   class ArrayScan
3   {
```

```
4       static void Main()
5       {
6           int[] A={ 1, 2, 3, 4 };
7           foreach(int i in A)
8               Console.WriteLine(i);
9       }
10  }
```

程序的运行情况如下：

```
1
2
3
4
```

【例 5.6】 使用 foreach 语句实现求交错数组中所有元素的和。

程序代码如下：

```
1   using System;
2   class ArraySum
3   {
4       static void Main()
5       {
6           int sum=0;
7           int[][] A=new int[2][];
8           A[0]=new int[4] { 1, 2, 3, 4 };
9           A[1]=new int[6] { 5, 6, 7, 8, 9, 10 };
10          foreach(int[] arr in A)               //处理顶层数组
11              foreach(int i in arr)             //处理二层数组
12                  sum=sum+i;
13          Console.WriteLine("ArraySum is {0}", sum);
14      }
15  }
```

程序的运行情况如下：

```
ArraySum is 55
```

5.3.2 数组应用举例

1. 查找

查找问题是批量数据处理中的一个基本问题，其目标就是在一批数据中查找指定数据，如最值查找或指定值查找，查找结束后应该给出查找成功与否的结论。

目前常用的查找算法有顺序查找、二分查找、Hash 查找、二叉排序树查找等。这里只介绍顺序查找和二分查找，其他算法请读者自行查阅相关资料。

顺序查找：顺序查找指从数组的一端开始，顺序扫描数组中的每个元素，依次将扫描到的数组元素和指定值相比较。若当前扫描到的元素与指定值相等，则查找成功；若扫描结束后，仍未找到与指定值相等的元素，则查找失败。找最值与找指定值的过程类似。顺序查找是一种算法思想最简单的算法，它对于任何结构的数组都适用，并且不要求数组中的元素有序排序，但是其查找效率很低，对于有序的数组或数据量太大的数组都不适宜采用。

【例 5.7】 查找二维数组中的最大值和最小值。

程序代码如下：

```
1    using System;
2    class ArraySearch
3    {
4        static void Main()
5        {
6            //设计变量保存最大值、最小值以及最值在数组中的位置
7            int max, min, maxRow, maxCol, minRow, minCol;
8            int[,] A=new int[2, 3] { { 1, 2, 3 }, { 4, 5, 6 } };
9            //对最值和最值的位置变量进行初始化
10           max=A[0, 0]; min=A[0, 0];
11           maxRow=0; maxCol=0;
12           minRow=0; minCol=0;
             //顺序扫描数组中的每个元素,查找最值,记录最值的位置
13           for(int i=0; i<2; i++)
14               for(int j=0; j<3; j++)
15               {
16                   if(max<A[i, j]){ max=A[i, j]; maxRow=i; maxCol=j; }
17                   if(min>A[i, j]){ min=A[i, j]; minRow=i; minCol=j; }
18               }
19           Console.WriteLine("The max value is A[{0},{1}]:{2}", maxRow, maxCol, max);
20           Console.WriteLine("The min value is A[{0},{1}]:{2}", minRow, minCol, min);
21       }
22   }
```

程序的运行情况如下：

```
The max value is A[1,2]:6
The min value is A[0,0]:1
```

例 5.7 采用顺序查找算法对二维数组中每个元素进行扫描，最终找到最值并记录其位置。从程序代码中可以看出，最值被初始化为数组中的第一个元素，请考虑：把最值初始化为 0 可行吗？另外，程序对数组中元素进行扫描时，可以看到对数组中的第一个元素 A[0,0]进行比较是多余的，那么将循环迭代变量 i,j 的初始值设为 1 可行吗？

二分查找：二分查找又称折半查找。其算法过程是：首先，假设数组中元素是按升序排列，将数组中间位置的元素与查找指定值比较，如果两者相等，则查找成功；否则利用

中间位置记录将数组分成前、后两个子数组，如果中间位置的元素值大于查找指定值，则进一步查找前一子数组，否则进一步查找后一子数组。重复以上过程，直到找到满足条件的记录，使查找成功，或直到子数组不存在为止，此时查找不成功。数组元素为降序时，二分查找的范围与之相反。二分查找的优点是比较次数少，查找速度快，平均性能好；其缺点是要求待查数组为有序数组。

【例 5.8】 使用二分查找算法在有序的一维数组中查找指定值。

程序代码如下：

```
1    using System;
2    class ArraySearch
3    {
4        static void Main()
5        {
6            int low, high, mid, pos=-1;
7            string sName;
8            string[] Name=new string[15] { "Alice", "Bob", "Carol", "David",
             "Even","Frank", "George", "Jerry", "John", "Kitty", "Larry",
             "Marry", "Nancy", "Smith", "Tom" };
9            Console.WriteLine("Please enter the search name:");
10           sName=Convert.ToString(Console.ReadLine());
11           low=0;
12           high=Name.GetLength(0)-1;
13           while(high>=low)
14           {
15               mid=(low+high)/2;
                 //数组中间位置的元素与查找指定值比较,如果两者相等,则查找成功
16               if(String.Equals(sName, Name[mid]))
17               {
18                   pos=mid;
19                   break;
20               }
     //如果中间位置的元素值大于查找指定值,则进一步查找前一子数组,否则进一步查找后一子数组
21               if(String.Compare(sName, Name[mid])>0)
22                   low=mid+1;
23               else
24                   high=mid-1;
25           }
26           if(pos==-1)
27               Console.WriteLine("Not found");
28           else
29               Console.WriteLine("Name[{0}]:{1}", pos, Name[pos]);
30       }
31   }
```

程序的运行情况如下：

```
Tom↙
Name[14]:Tom
```

从例 5.8 可以看出,使用二分查找在 Name 数组查找指定值时最少查找 1 次,最多查找 4 次,由算法知识可知其算法复杂度为 $O(\log_2(n))$;而如果使用顺序查找则最少查找 1 次,最多查找 15 次,由算法知识可知其算法复杂度为 $O(n)$;其中,n 表示数组的大小。因此,当数组元素有序时,使用二分查找算法将会大幅提高程序的执行效率。

2. 排序

排序问题是数组应用中另一个典型问题,它的功能是将一个无序的元素序列整理成一个有序的元素序列,排序问题在实际应用问题求解中应用十分广泛。排序一般分为按关键信息升序排列或按关键信息降序排列两种情况。

目前常用的排序算法有冒泡排序、快速排序、选择排序、Hash 排序、插入排序、堆排序、桶排序等。这里只介绍冒泡排序和选择排序两种,其他的请读者自行查阅相关资料。

1) 冒泡排序

冒泡排序(Bubble Sort)是计算机科学领域的一种较简单的排序算法。它重复地走访要排序的数列,一次比较两个元素,如果它们的顺序错误就把它们交换过来。走访数列的工作是重复地进行直到无须交换,也就是说该数列已经排序完成。冒泡排序法的名字由来是因为越小的元素会经由交换慢慢“浮”到数列的顶端,类似现实生活中物理现象的冒泡。

以升序排列要求为例,冒泡排序算法的算法流程描述如下:将被排序的数组 A 元素垂直排列,每个元素 A[i]看作重量为元素 A[i]值的气泡。根据轻气泡不能在重气泡之下的原则,从下往上(或从上往下)扫描数组 A:凡扫描到违反本原则的轻气泡,就使其向上“飘浮”。如此反复进行,直到最后任何两个气泡都是轻者在上,重者在下为止。

(1) 初始状态下,数组元素为无序序列。

(2) 第 1 趟扫描:从无序区底部向上依次比较相邻的两个气泡的重量,若发现轻者在下、重者在上,则交换二者的位置,即依次比较(A[n－1],A[n－2]),(A[n－2],A[n－3]),…,(A[1],A[0]);对于每对气泡(A[j+1],A[j]),若 A[j+1]<A[j],则交换 A[j+1]和 A[j]的内容。第 1 趟扫描完毕时,“最轻”的气泡就飘浮到该区间的顶部,即数组元素值最小的记录被放在最高位置 A[0]上。

(3) 第 2 趟扫描:按照相同方法扫描 A[1..n－1]。扫描完毕时,“次轻”的气泡飘浮到 A[1]的位置。

(4) 第 3 趟扫描:按照相同方法扫描 A[2..n－1]。扫描完毕时,“第三轻”的气泡飘浮到 A[2]的位置。

(5) 重复扫描过程,并注意调整每次扫描的范围;直到经过 n－1 趟扫描,即可得到有序区 A[0..n－1]。

冒泡排序就是把小的元素往前调或者把大的元素往后调。比较时相邻的两个元素比较,交换也发生在这两个元素之间。所以,如果两个元素相等,不会发生交换;如果两个相等的元素没有相邻,那么即使通过前面的两两交换把这两个元素相邻起来,这时候也不会交换,所以相同元素的前后顺序并没有改变,因此冒泡排序是一种稳定的排序算法。图 5.1 描述了冒泡排序的过程。

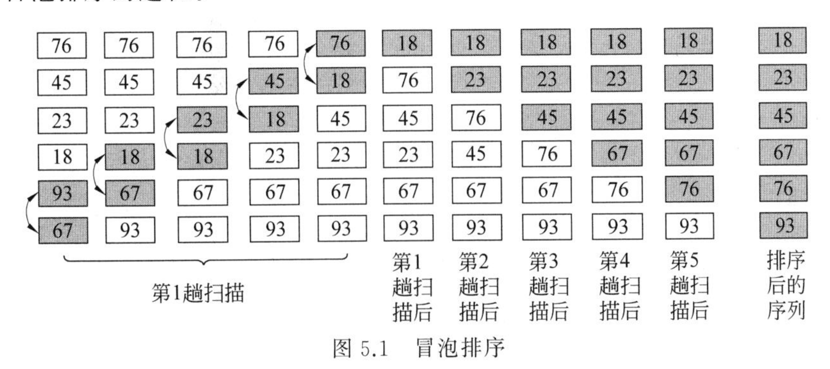

图 5.1 冒泡排序

【例 5.9】 使用冒泡排序算法将用户随机输入的 10 个整数从小到大排序。

程序代码如下:

```
1   using System;
2   class ArraySort
3   {
4       static void Main()
5       {
6           int[] A=new int[10];
7           int temp;
8           for(int i=0; i<10; i++)                //随机输入 10 个整数存入数组
9               A[i]=Convert.ToInt32(Console.ReadLine());
10          for(int i=0; i<10 -1; i++)             //控制进行 n-1 趟扫描
11              for(int j=10 -1; j>i; j--)         //第 i 趟的扫描范围为 A[i]~A[n-1]
12                  if(A[j]<A[j -1])               //顺序不符合要求时进行交换
13                  { temp=A[j]; A[j]=A[j -1]; A[j -1]=temp; }
14          foreach(int t in A)                    //输出排序后的数组
15              Console.Write(t+" ");
16      }
17  }
```

程序的运行情况如下:

```
98↙
12↙
67↙
34↙
71↙
33↙
29↙
56↙
```

```
9↙
120↙
9 12 29 33 34 56 67 71 98 120
```

从例 5.9 可以看出,第 1 趟扫描做了 10－1 次比较,第 2 趟扫描做了 10－2 次比较……最后一趟扫描做了 1 次比较,一共经过了(10－1)＋(10－2)＋…＋1＝10(10－1)/2 次比较后将数组 A 变成了有序序列,其算法复杂度为 $O(n^2)$,其中 n 为数组元素的个数。

2) 选择排序

选择排序(Selection Sort)是每一趟从待排序的数据元素中选出最小(或最大)的一个元素,顺序放在已排好序的数列的最后,直到全部待排序的数据元素排完。

以升序排列要求为例,描述的选择排序算法流程如下。

(1) 初始状态下,数组 A[0..n－1]没有排序,即数组 A 全部都是无序区,有序区为空。

(2) 第 1 趟排序:在无序区 A[0..n－1]中选出值最小的数组元素 A[k],将它与无序区的第 1 个记录 A[0]交换,使 A[0..0]和 A[1..n]分别变为记录个数增加 1 个的新有序区和记录个数减少 1 个的新无序区。

(3) 第 2 趟排序:在无序区 A[1..n－1]中选出值最小的数组元素 A[j],将它与无序区的第 1 个记录 A[1]交换,使 A[0..1]和 A[2..n]分别变为记录个数增加 1 个的新有序区和记录个数减少 1 个的新无序区。

(4) 第 3 趟排序:在无序区 A[2..n－1]中选出值最小的数组元素 A[m],将它与无序区的第 1 个记录 A[2]交换,使 A[0..2]和 A[3..n]分别变为记录个数增加 1 个的新有序区和记录个数减少 1 个的新无序区。

(5) 重复排序过程,并注意调整每次有序区和无序区的范围;直到经过 n－1 趟排序,即可得到有序区 A[0..n－1]。

选择排序是给每个位置选择当前无序区所有元素的最值,当将最值交换到有序区时有可能会破坏原数组序列中元素的相对前后顺序,如序列 5 8 5 2 9,第一遍排序选择第 1 个元素 5 会和 2 交换,那么原序列中 2 个 5 的相对前后顺序就被破坏了,所以选择排序不是一个稳定的排序算法。图 5.2 描述了选择排序的过程。

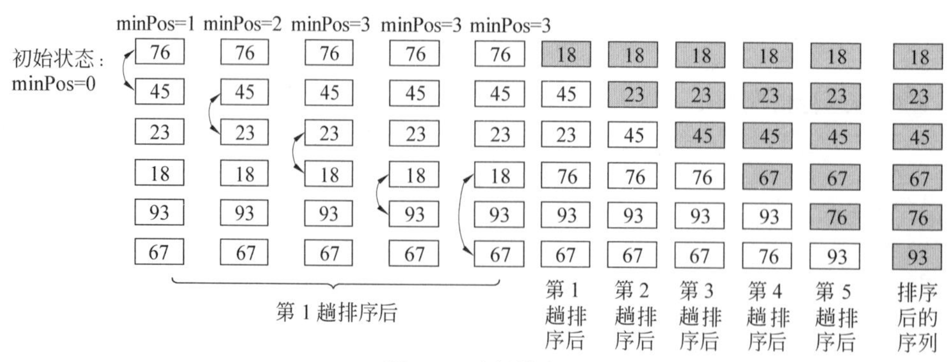

图 5.2 选择排序

【例 5.10】 使用选择排序算法将用户随机输入的 10 个整数从小到大排序。

程序代码如下：

```
1   using System;
2   class ArraySort
3   {
4       static void Main()
5       {
6           int[] A=new int[10];
7           int minPos, temp;
8           for(int i=0; i<10; i++)
9               A[i]=Convert.ToInt32(Console.ReadLine());
10          for(int i=0; i<10 -1; i++)              //控制进行 n-1 趟排序
11          {
12              minPos=i;          //将最值的位置初始化为无序区的第一个元素
13              for(int j=i+1; j<10; j++)         //控制第 i 趟扫描的排序范围
14                  if(A[j]<A[minPos])minPos=j;  //记录最值的位置
15              if(minPos !=i)    //将最值与无序区的第一个元素进行交换,扩大有序区
16              { temp=A[minPos]; A[minPos]=A[i]; A[i]=temp; }
17          }
18          foreach(int t in A)                    //输出排序后的数组
19              Console.Write(t+" ");
20      }
21  }
```

程序的运行情况如下：

```
100↙
23↙
78↙
39↙
78↙
92↙
40↙
36↙
45↙
34↙
23 34 36 39 40 45 78 78 92 100
```

分析例 5.10 的代码可知,使用选择排序方法一共经过了$(10-1)+(10-2)+\cdots+1=10(10-1)/2$次比较后将数组 A 变成了有序序列,其算法复杂度为 $O(n^2)$,其中,n 为数组元素的个数,读者可自行计算选择排序法与冒泡排序法各自的元素交换次数。

3. 其他应用

除了上述的查找和排序之外,矩阵操作、字符串处理也是常见的数组应用问题。

【例 5.11】 求矩阵 $\boldsymbol{A}$ 的转置矩阵。说明：定义 $\boldsymbol{A}$ 的转置为这样一个 $n\times m$ 阶矩阵 $\boldsymbol{B}$，满足 $b(i,j)=a(j,i)$（$\boldsymbol{B}$ 的第 i 行第 j 列元素是 $\boldsymbol{A}$ 的第 j 行第 i 列元素），记 $\boldsymbol{A}'=\boldsymbol{B}$（另一种记法为 $\boldsymbol{A}^{\mathrm{T}}=\boldsymbol{B}$，这里 T 为 $\boldsymbol{A}$ 的上标），例如：

$$\boldsymbol{A}=\begin{bmatrix}1&2&3&4\\5&6&7&8\\9&10&11&12\end{bmatrix}\quad \boldsymbol{A}^{\mathrm{T}}=\begin{bmatrix}1&5&9\\2&6&10\\3&7&11\\4&8&12\end{bmatrix}$$

程序代码如下：

```
1   using System;
2   class Matrix
3   {
4       static void Main()
5       {
6           int[,] A=new int[3, 4] { { 1, 2, 3, 4 }, { 5, 6, 7, 8 }, { 9, 10, 11,
7           12 } };
8           int[,] AT=new int[4, 3];
9           for(int i=0; i<3; i++)
10              for(int j=0; j<4; j++)
11                  AT[j, i]=A[i, j];            //转置即为行列调换
12          for(int i=0; i<4; i++)
13          {
14              for(int j=0; j<3; j++)
15                  Console.Write(AT[i, j]+" ");
16              Console.WriteLine();             //输出一行元素后回车换行
17          }
18      }
19  }
```

程序的运行情况如下：

```
1  5   9
2  6  10
3  7  11
4  8  12
```

【例 5.12】 统计用户随机输入的 3 行文本中英文字母、数字的个数，每行文本不超过 100 个字符，以回车结束。

程序代码如下：

```
1   using System;
2   class CharArray
3   {
4       static void Main()
5       {
```

```
6           char[,] SRC=new char[3, 100];
7           int charCount=0, numCount=0;
8           for(int i=0; i<3; i++)
9               for(int j=0; j<100; j++)
10              {
11                  char c=Convert.ToChar(Console.Read());
12                  if(c !='\n')
13                  {
14                      SRC[i, j]=c;
15                      if((c>='a' && c<='z')||(c>='A' && c<='Z'))charCount++;
16  //英文字母
17                      if(c>='0' && c<='9')numCount++;  //数字字符
18                  }
19                  else                                  //一行文本输入完毕
20                      break;
21              }
22          Console.WriteLine("英文字母的个数为:{0}", charCount);
23          Console.WriteLine("数字的个数为:{0}", numCount);
24      }
25  }
```

程序的运行情况如下：

```
hh123434cdhfg ddcf45↙
qqw!!!!!!!!!!!!!!11↙
qqww))))))))))))))))))))0↙
英文字母的个数为:18
数字的个数为:11
```

5.4 Array 类及应用

5.4.1 Array 类的常用属性和方法

Array 类提供创建、操作、搜索和排序数组的方法，因而在公共语言运行时用作所有数组的基类。它属于命名空间 System，是支持数组语言实现的基类。

Array 类中的一个元素就是 Array 中的一个值；Array 的长度是它可包含的元素总数；Array 的秩是 Array 中的维数；Array 中维数的下限是 Array 中该维度的起始索引，多维 Array 的各个维度可以有不同的界限。数组最多可以有 32 维。Array 类中提供了一些常用的属性和方法，可以帮助程序员提高数组操作的效率，下面进行简单介绍。

1. Array 类的常用属性

1）Length 和 longLength

这两个属性返回一个 32 位整数或 64 位整数，该整数表示 Array 的所有维度中元素的个数。如下所示：

```
int[,] A=new int[10,3];
Console.Write(A.Length);            //输出 30
```

2）Rank

Rank 属性获取 Array 的秩(维数)。如下所示：

```
int[,,] A=new int[10,3,5];
Console.Write(A.Rank);              //输出 3
```

2. Array 类的常用方法

1）Clear

Clear 方法将 Array 中的一系列元素设置为 0、false 或 Nothing,具体取决于数组元素的数据类型。如下所示：

```
int[,] A=new int[2,3]{{1,2,3},{4,5,6}};
Array.Clear(A,0,4);                 //将数组 A 中从下标为 0 开始的连续 4 个元素设置为 0
foreach(int i in A)
    Console.Write("{0} ", i);       //输出 0 0 0 0 5 6
```

2）Copy

Copy 方法有多种重载方式,实现从第一个元素或指定位置开始复制 Array 中的一系列元素,并将它们粘贴为另一个 Array 中从第一个元素开始或从指定位置开始的一系列元素。如下所示：

```
int[,] A=new int[2,3]{{1,2,3},{4,5,6}};
int[,] B=new int[3,5];
Array.Copy(A,B,6);          //将数组 A 从第一个元素开始的连续 6 个元素复制到数组 B 中
foreach(int i in B)
      Console.Write("{0} ", i);     //输出 1 2 3 4 5 6 0 0 0 0 0 0 0 0 0
```

3）GetLength

GetLength 方法获取一个 32 位整数,该整数表示 Array 的指定维上的元素个数。如下所示：

```
int[,] A=new int[2,3]{{1,2,3},{4,5,6}};
Console.WriteLine(A.GetLength(0));      //输出 2,即 A 包括两个子数组
Console.WriteLine(A.GetLength(1));      //输出 3,即 A 的子数组包括 3 个元素
```

由于 GetLength 是 Array 类的实例方法,所以调用时借助于具体的数组 A,调用方式与 Clear 和 Copy 方法不一样。实例方法的详细情况在后续章节将会介绍。

4）GetLowerBound 和 GetUpperBound

这两个方法获取 Array 的指定维数的下限和上限。如下所示：

```
int[,] A=new int[2,3]{{1,2,3},{4,5,6}};
```

```
Console.WriteLine(A.GetLowerBound(0));      //输出 0
Console.WriteLine(A.GetUpperBound(0));      //输出 1
```

5) IndexOf

在一维数组中搜索指定数据，并返回数组中第一个匹配项的索引，查找不成功时返回值为该数组的下限减 1。如下所示：

```
int[] A=new int[6]{1,2,3,4,5,6};
Console.WriteLine(Array.IndexOf(A,5));      //输出 4
Console.WriteLine(Array.IndexOf(A,10));     //输出-1
```

6) Reverse

该方法反转整个一维数组中元素的顺序。如下所示：

```
int[] A=new int[6]{1,2,3,4,5,6};
Array.Reverse(A);                           //调用 Reverse 方法进行数组元素反转
foreach(int i in A)
    Console.Write("{0} ",i);                //输出 6 5 4 3 2 1
```

7) Sort

Sort 方法实现对一维数组的元素升序排列。如下所示：

```
int[] A=new int[6]{6,2,5,1,3,4};
Array.Sort(A);                              //调用 Sort 方法对数组排序
foreach(int i in A)
     Console.Write("{0} ",i);               //输出 1 2 3 4 5 6
```

5.4.2 Array 类应用举例

在 5.3 节中，借用各种查找和排序算法及循环结构等实现了实际应用问题中查找和排序的求解。Array 类为程序员提供了一种解决查找和排序问题的更便捷的方法。

【例 5.13】 借助 Array 类实现例 5.8 的功能。

程序代码如下：

```
1   using System;
2   class ArraySearch
3   {
4       static void Main()
5       {
6           int pos;
7           string sName;
8           string[] Name=new string[15] { "Alice", "Bob", "Carol", "David",
            "Even", "Frank", "George", "Jerry", "John", "Kitty", "Larry",
            "Marry", "Nancy", "Smith", "Tom" };
9           Console.WriteLine("Please enter the search name:");
```

```
10          sName=Convert.ToString(Console.ReadLine());
11          pos=Array.IndexOf(Name, sName);
                      //借助 Array 类的 IndexOf 方法返回所查找姓名在数组中的下标值
12          if(pos==-1)
13              Console.WriteLine("Not found");
14          else
15              Console.WriteLine("Name[{0}]:{1}", pos, Name[pos]);
16      }
17  }
```

程序的运行结果与例 5.8 相同。

【例 5.14】 借助 Array 类实现例 5.9 的功能。

程序代码如下：

```
1   using System;
2   class ArraySort
3   {
4       static void Main()
5       {
6           int[] A=new int[10];
7           int minPos, temp;
8           for(int i=0; i<10; i++)
9               A[i]=Convert.ToInt32(Console.ReadLine());
10          Array.Sort(A);              //借助 Array 类的 Sort 方法实现升序排列
11          foreach(int t in A)         //输出排序后的数组
12              Console.Write(t+" ");
13      }
14  }
```

程序的运行结果与例 5.9 相同。

【例 5.15】 借助 Array 类实现一维数组元素的降序排列。

程序代码如下：

```
1   using System;
2   class ArraySort
3   {
4       static void Main()
5       {
6           int[] A=new int[10];
7           int minPos, temp;
8           for(int i=0; i<10; i++)
9               A[i]=Convert.ToInt32(Console.ReadLine());
10          Array.Sort(A);              //借助 Sort 方法实现数组元素升序排列
11          Array.Reverse(A);           //借助 Reverse 方法将数组元素反转,即实现降序
12          foreach(int t in A)         //输出排序后的数组
```

```
13              Console.Write(t+" ");
14          }
15      }
```

程序运行情况如下：

```
65↙
78↙
19↙
33↙
27↙
32↙
66↙
59↙
41↙
46↙
78 66 65 59 46 41 33 32 27 19
```

5.5　数组与方法

5.5.1　数组元素作为方法参数

一维数组的元素可以直接作为方法的参数使用，其用法与变量相同。假设有如下方法声明：

```
int Max(int a,int b,int c);
```

则下面的方法调用是合法的：

```
int[] A={1,2,3,4,5};
int x;
x=Max(A[0],A[1],A[2]);                  //使用数组元素作为方法调用的实参
```

一维数组的元素除了可以作为值参数对应的实参之外，还可以作为引用形参和输出形参所对应的实参，其用法与变量相同。示例如下：

```
static void Swap(ref int a,ref int b, out int max)
{
    int temp;
    temp=a;a=b;b=temp;
    if(a>b)
        max=a;
    else
        max=b;
}
static void Main()
```

```
{
    int[] A={ 1, 2, 3, 4, 5 };
    int x;
    Swap(ref A[0], ref A[1], out A[4]);
    foreach(int i in A)
            Console.Write(i);                    //输出 21342
}
```

5.5.2 数组作为方法参数

1. 形参数组

形参数组是方法定义中一种传递机制特殊的形参。它与其他3种形参(即值参数、引用参数、输出参数)最大的不同是,形参数组允许零个或多个实参对应一个特殊的形参。使用形参数组时需注意:

(1) 在一个参数列表中最多只能有一个形参数组。

(2) 如果参数列表中存在形参数组,则参数数组必须是参数列表中的最后一个。

(3) 形参数组必须是一维数组类型。

(4) 不能将形参数组和ref、out修饰符组合起来使用。

(5) 除了允许在调用中使用可变数量的实参,形参数组与同一类型的值形参完全等效。

形参数组借助关键字params和运算符[]完成声明,下面是一个形参数组的声明示例:

```
void Test(params int[] invals);
```

对含有形参数组的方法进行调用时,可以使用两种方法提供形参数组所对应的实参。

(1) 用逗号分隔开的该数据类型的元素列表,要求所有元素必须是方法声明中指定的类型,例如对上述Test方法的调用:

```
Test(10,20,30);
```

(2) 一个元素为该数据类型的数组,例如对上述Test方法的调用:

```
int[] intArray=new int[3]{1,2,3};
Test(intArray);
```

注意:调用含有形参数组的方法时,实参处不需要使用params修饰符。

2. 数组作为其他类型的形参

数组除了可以作为形参数组之外,还可以作为方法的值参数、引用形参和输出形参。当数组作为方法的值参数、引用形参或输出形参时,即形参类型为数组类型,此时方法的定义和调用语法与其他数据类型作为方法的形参时基本一致。下面的代码演示了数组作为方法的值参数、引用形参和输出形参时方法的定义和调用形式。

```
static void Test(int[] a,ref int[] b, out int[] max)
{
    int i=a.GetLength(0);
    max=new int[i];
    max=a;
    b[0]=1;
    b[1]=2;
}
static void Main()
{
    int[] A={ 1, 2, 3, 4, 5 },B={ 6, 7, 8 },C;
    Test(A, ref B, out C);
    foreach(int i in B)
        Console.Write(i+" ");
    Console.WriteLine();
    foreach(int i in C)
        Console.Write(i+" ");
}
```

数组作为方法的值参数时并没有将整个数组深层复制一份到方法的调用空间里，在方法体内对作为值参数传递进来的数组进行修改时，依然会影响到方法体外作为实参的数组。因此，数组作为值参数失去了值参数本身的含义。

5.5.3 数组作为方法返回值

数组除了可以作为方法的参数之外，还可以作为方法的返回值。当使用数组作为方法的返回值时，可以返回数据类型相同的一批数据。此时方法的定义和调用语法与其他数据类型作为方法的返回类型时基本一致。下面的代码演示了数组作为方法的返回值时方法的定义和调用形式。

```
static int[] Test()
{
    int[] A=new int[3] { 1, 2, 3 };
    foreach(int i in A)
        Console.WriteLine(i+" ");                    //输出 1 2 3
    return A;
}
static void Main()
{
    int[] B;
    B=Test();
    B[0]++;
    Console.WriteLine();
    foreach(int i in B)
        Console.Write(i+" ");                        //输出 2 2 3
}
```

5.5.4 数组与方法应用举例

【例 5.16】 编写方法判断一个字符串是否为回文串。回文串指字符串从左向右读和从右向左读的结果一样。字符串不超过 100 个字符,输入以“!”结束。

程序代码如下:

```
1    using System;
2    class Palindrome
3    {
4        static bool IsPalindrome(char[] s, int i)
5        {
6            for(int j=0; j<=i / 2; j++)
7                //从头尾两个起点向中间依次取字符,有一组对应字符不相同则说明不是回文串
8                if(s[j] !=s[i -1 -j])return false;
9            return true;
10       }
11       static void Main()
12       {
13           char[] A=new char[100];
14           char c;
15           int i=0;
16           while((c=Convert.ToChar(Console.Read()))!='!')
17           {
18               A[i]=c;
19               i++;
20           }
21           if(IsPalindrome(A, i))                //i 为用户实际输入的字符数目
22               Console.WriteLine("Yes");
23           else
24               Console.WriteLine("No");
25       }
26   }
```

程序运行情况如下:

```
wsdfafdsw! ↙
Yes
```

【例 5.17】 编写方法计算 10 个学生的总成绩并按照总成绩降序排列学生信息。

程序代码如下:

```
1    using System;
2    class SCORESORT
3    {
4        static int[,] SortScore(int[,] A)
```

```
5       {
6           int row, col, maxPos, temp;
7           row=A.GetLength(0);
8           col=A.GetLength(1);
9           int[,] B=new int[row, col+1];
                            /* 创建 B 数组,存储学生的原始信息和计算出的总成绩 */
10          for(int i=0; i<row; i++)
11          {
12              int sum=0;
13              for(int j=0; j<col; j++)
14              {
15                  B[i, j]=A[i, j];            //复制所有的学生信息到数组 B 中
16                  if(j>0)
17                      sum=sum+A[i, j];        //统计每个学生的总成绩
18              }
19              B[i, col]=sum;                  //填充每个学生的总成绩到数组 B 中
20          }
21          for(int i=0; i<row; i++)
                                /* 使用选择排序算法对学生成绩按总成绩降序排列 */
22          {
23              maxPos=i;
24              for(int j=i+1; j<row; j++)
25                  if(B[j, col]>B[maxPos, col])maxPos=j;
26              if(maxPos !=i)
27              {
28                  for(int k=0; k<=col; k++)
29                  { temp=B[maxPos, k]; B[maxPos, k]=B[i, k]; B[i, k]=temp; }
30              }
31          }
32          return B;
33      }
34      static void Main()
35      {
36          //每个学生信息包括序号、语文成绩、数学成绩、英语成绩
37          int[,] SINFO=new int[10, 4] { { 1, 80, 89, 90 }, { 2, 76, 90, 88 },
38          { 3, 88, 78, 95 }, { 4, 60, 79, 84 }, { 5, 86, 87, 69 }, { 6, 56, 89, 70 },
            { 7,94, 96, 98 }, { 8, 84, 86, 89 }, { 9, 100, 83, 91 }, { 10, 69, 98, 87 } };
            int[,] STUINFO=new int[10, 5];
39          STUINFO=SortScore(SINFO);
40          Console.Write("{0,10}", "SNO");
41          Console.Write("{0,10}", "Chinese");
42          Console.Write("{0,10}", "Math");
43          Console.Write("{0,10}", "English");
44          Console.Write("{0,10}", "Total");
```

```
45            Console.WriteLine();
46            for(int i=0; i<10; i++)
47            {
48                for(int j=0; j<5; j++)
49                    Console.Write("{0,10}", STUINFO[i, j]);
50                Console.WriteLine();
51            }
52        }
53    }
```

程序运行情况如下:

```
SNO  Chinese     Math  English     Total
  7       94       96       98       288
  9      100       83       91       274
  3       88       78       95       261
  1       80       89       90       259
  8       84       86       89       259
  2       76       90       88       254
 10       69       98       87       254
  5       86       87       69       242
  4       60       79       84       223
  6       56       89       70       215
```

习题

1. 编程实现把输入的100个整数逆序输出。
2. 编程将输入的所有姓名中重复的姓名删除后输出。
3. 求数组的最大值、次大值和最小值。
4. 求数组的元素之和和平均值。
5. 编程将两个无序的数组合并成一个有序的数组。
6. 编程找出两个数组的相同元素。
7. 给定一个含有 N 个元素的整型数组,找出数组中的两个元素 x 和 y,使得 abs($x-y$)值最小。
8. 输出二维矩形数组的周边元素。
9. 输出两个维度相同的二维矩形数组相加的结果。
10. 在二维矩形数组中找出这样的元素:它在当前行是最大的、在当前列是最小的。
11. 统计全班30个学生数学成绩的优秀人数(85分及以上)、及格人数(60分及以上)和不及格人数(少于60分)。
12. 统计输入的一段文本中英文单词的个数(单词之间使用空格、逗号和句号隔开)。
13. 编程实现大数相加功能,例如,100个1组成的大整数加上100个2组成的大整数。

14. 班上已经有 30 个学生，其学号信息按照升序排列存储在数组中，请将新来的 5 个学生学号插入学号数组中，保证学号数组仍按照升序排列。

15. 编写方法实现将字符串中所有英文字母转变为大写形式并输出。

16. 编写方法求 1000 以内的所有素数。

17. 编程输出杨辉三角。

18. 有一行电文译文按下面的规律译成密码：

A→Z，a→z

B→Y，b→y

C→X，c→x

…

即第一个字母变成第 26 个字母，第 i 个字母变成第$(26-i+1)$个字母。非字母不变，要求编程将密码译成原文，并打印出原文和密码。

19. 模拟 n 个人参加选举的过程，并输出选举结果：假设候选人有 4 人，分别用 A、B、C、D 表示，当选某候选人时直接输入其编号，若输入的不是 A、B、C、D 则视为无效票，选举结束后按得票数从高到低输出候选人编号和所得票数。

20. 耶稣有 13 个门徒，其中有一个是出卖耶稣的叛徒，请用排除法找出这位叛徒：13 人围坐一圈，从第一个人开始报号：1，2，3，1，2，3，…，凡是报到“3”就退出圈子，最后留在圈内的人就是出卖耶稣的叛徒，请找出他原来的序号。

21. 打印魔方阵。所谓魔方阵是指这样的方阵：它的每一行、每一列和对角线之和均相等。输入 n，要求打印由自然数 $1\sim n^2$ 的自然数构成的魔方阵（n 为奇数）。例如，当 $n=3$ 时，魔方阵为

8 1 6

3 5 7

4 9 2

第6章 复杂数据的表示与处理

在现实应用问题中,经常会碰到一些具有结构性或整体性的信息,虽然这些信息的数据类型可能各不相同,但是它们在实际应用中用以描述同一事物或实体的不同方面,因此经常被作为一个整体看待。如描述一个学生会有学号、姓名、性别、班级、专业等,描述一本书会有类别、书名、作者、出版社、价格等。借助前面所学内容,虽然能够把这些信息分别表示,但是失去了实际应用中的整体性和信息关联性。

另外,类似实际生活中的月份、星期、性别等这类信息,虽然已经能够表示,却无法限定或只能编写代码限定它在有实际意义的合法取值范围内取值,如月份只能取 1～12,星期只能取星期一至星期日等。

对于这些比较复杂的数据的表示,C＃提供了结构体类型、枚举类型等来保证数据的描述尽量与实际应用相一致。

6.1 结构体类型

C＃的结构体类型(或称为结构)是用户自定义类型的一种,它为用户将实际应用中数据类型不同但互相联系的数据看作一个整体提供了类型支持。

6.1.1 结构体类型的定义

C＃的结构体允许将不同类型但又互相联系的数据组合在一起形成一种新的数据类型,定义形式为

```
[public] struct 结构体类型名{
    成员声明
}
```

成员声明描述了该类型的数据成员(或称为数据元素)及其他类型成员的集合,本章只强调结构体的数据成员。成员的数目可以任意多个,由具体应用确定。大括号是成员列表的边界符。

定义结构体类型时,必须给出各个数据成员的类型声明,例如:

```
public 成员类型 成员名称列表;
```

public是一个访问权限修饰符，表示该数据成员允许在结构体类型定义之外的地方访问。如果在定义结构体时，某个数据成员之前没有public访问修饰符，则结构体类型变量不能访问这个数据成员。如果声明的多个成员是同一类型，则形成成员列表，各成员名称之间用逗号隔开。

例如，对于坐标点信息的表示可以建立下面的结构体类型。

```
struct POINT{
    public double x;                    //横坐标
    public double y;                    //纵坐标
}
```

结构体属于值类型的数据类型，可以根据其使用范围选择定义在某个类的内部或者定义在所有类的外部。一般来说，放在类内部定义的结构体类型只在该类中使用，放在类外部定义的结构体可以在当前命名空间范围内使用。C#中，结构体定义不能放在方法或函数内部。

下面是对结构体类型定义的补充说明。

(1) struct是定义结构体类型的一个关键字，不代表一种数据类型，只有使用struct关键字定义具体的结构体类型之后才能定义相应的变量，因此不能使用struct关键字来作为变量的数据类型。

(2) 结构体类型定义借助struct关键字向编译器声明了一种新的数据类型，而不是变量，并且对于该数据类型并没有分配相应的存储空间，因此不能直接对使用struct关键字定义的数据类型进行赋值等应用于变量的操作，不能对结构体类型的成员进行初始化。

(3) 结构体类型的成员既可以是简单数据类型的，也可以是结构体类型的，即结构体的定义可以嵌套。例如：

```
struct DATE{
    public int year;
    public int month;
    public int day;
}
struct STUINFO
{
    public string sNo;                  //学号
    public string sName;                //姓名
    public char sGender;                //性别
    public int sAge;                    //年龄
    public double sHeight;              //身高
    public DATE sBirthday;              //出生日期,DATE类型
}
```

但是，C#中不支持结构体类型的递归定义，即不允许结构体类型的成员是本结构体类型的。

(4) 结构体类型使用一对大括号界定一个属于本身类型的作用域，因此其成员名称

可以与外部标识符相同,结构体类型可以在右大括号(})后使用分号。

(5) C#中的结构体与类非常相似,除了上面介绍的数据成员之外,它也有函数成员。它与类最大的区别就是类是引用类型,而结构是值类型,同时结构是密封的、不能继承的。分配结构比分配类的实例需要更少的消耗,所以对于具有值语义的小型数据结构尤为有用。

6.1.2 结构体类型变量

C#中结构体类型与类相似,可以表示一个复杂的数据结构,数据表示形式层次更高,所以可以把结构体类型变量称为对象或结构实例。定义结构体类型变量称为把结构体类型实例化,这时会根据结构体类型的定义为结构体变量分配相应的存储空间。

1. 结构体类型变量的定义

结构体变量的定义语法如下:

```
结构体类型名 变量名列表;
```

变量名列表中各变量名用逗号隔开,变量名的命名方法遵守C#的标识符命名规则。例如:

```
STUINFO s1, s2, s3;
```

结构体变量被声明后,系统会为其分配存储空间。每个结构体变量都有自己独立的存储空间,每个变量都有自己的数据副本,对一个变量的操作不会影响另一个变量。

2. 结构体变量的初始化

结构体类型是一种比较复杂的值类型。每个结构体类型定义后,C#语言都隐式地为它提供一个无参数的构造函数,这个构造函数把结构的每个成员都设置为该成员类型的默认值。

如果希望在结构体变量定义时,能够对这些变量进行初始化,则需要用户自己创建有参数的构造函数。例如:

```
struct POINT
{
    public double x;                    //横坐标
    public double y;                    //纵坐标
    public POINT(double a,double b)     //带参数的构造函数
    {
       x=a;y=b;
    }
};
static void Main()
{
    POINT p1=new POINT(2.0,3.1);        //对结构体类型变量 p1 进行初始化
```

```
    …
}
```

构造函数将在类与对象部分进行详细的介绍。

3. 结构体变量的使用

使用结构体变量主要是引用它的成员,语法形式如下:

```
结构体变量名.成员名
```

其中,点(.)为成员引用运算符,见表 6.1。

表 6.1　成员引用运算符

类　别	运算符	用　法	功　能	结合性	示例
二元运算符	.	op1.op2	成员引用	自左向右	p1.x

成员引用运算符在所有运算符中优先级较高,其作用是引用结构体对象中的指定成员,运算结果为左值(即成员本身),因此可以对运算结果做赋值、自增、自减等运算。例如:

```
STUINFO s1;
s1.sNo="001";
s1.sAge=20;
s1.sAge++;
```

使用成员引用运算符时需注意:

(1) 成员引用运算符左边必须是结构体类型变量名,右边必须是结构体中的成员名。

(2) 如果结构体中的成员本身又是一个结构体对象,则要使用成员运算符,一级一级地引用。例如:

```
STUINFO s1;
s1.sBirthday.year=1990;
```

要输出结构体类型变量的内容时,不能整体输入和输出,只能对其基本类型的成员逐个输入或输出,如:

```
STUINFO s1;
s1.sAge=Convert.ToInt32(Console.ReadLine());
s1.sName=Convert.ToString(Console.ReadLine());
s1.sBirthday.day=Convert.ToInt32(Console.ReadLine());
Console.WriteLine(s1.sAge);
Console.WriteLine(s1.sName);
Console.WriteLine(s1.sBirthday.day);
```

结构体对象可以进行整体赋值,但是不能进行整体算术运算、关系运算和文本运算,例如:

```
STUINFO s1,s2;
s2=s1;
s1=s1+s2;                        //编译错误,提示运算符"+"不能用于 STUINFO 类型
bool b=(s1==s2);                 //编译错误,提示运算符"=="不能用于 STUINFO 类型
```

结构体对象赋值时,本质上是把一个对象内存空间中的全体成员赋值到另一个对象存储空间中。因此,如果结构体类型中包括大量的数据成员时,结构体对象的赋值会耗费大量时间。

6.1.3 结构体与数组

1. 结构体类型的数组

当有多个同一结构体类型的结构体实例时,可以将它们组织成一个结构体数组。结构体数组的元素类型为结构体类型,定义一维结构体数组的语法形式如下:

```
结构体类型名[] 结构体数组名=new 结构体类型名[数组长度];
```

或

```
结构体类型名[] 结构体数组名;
结构体数组名=new 结构体类型名[数组长度];
```

例如,定义包括100个点的结构体数组的代码如下:

```
POINT[] p=new POINT[100];
```

或

```
POINT[] p;
p=new POINT[100];
```

只有所使用的结构体类型含有带参数的构造函数时,才能对结构体数组进行初始化。

引用结构体数组成员时,需要将数组的下标引用运算符和成员引用运算符结合起来使用。语法形式如下:

```
结构体数组名[下标表达式].成员名
```

例如:

```
p[0].x=1.0;                      //p[0]是一个结构体类型实例
p[0].y=2.0;
```

2. 数组作为结构体的成员

前面说过,结构体类型的成员既可以是简单数据类型的,也可以是结构体类型的。实际上,结构体的成员可以是C#支持的任意数据类型。因此,数组也可以作为结构体成员,并且该数组的元素类型可以是C#支持的任意数据类型。数组作为结构体成员的示

例如下：

```
struct RECTANGLE
{
    public POINT[] p;
}

RECTANGLE r;
r.p=new POINT[4];
```

引用结构体的数组成员时，需要将下标引用运算符和成员引用运算符结合起来使用，语法形式如下：

结构体.数组成员名[下标表达式]

例如：

```
r.p[0].x=0;
r.p[1].y=2;
```

【例 6.1】 计算 10 个学生的总成绩并按照总成绩降序排列学生信息(例 5.17)。

程序代码如下：

```
1    using System;
2    class SCORESORT
3    {
4        struct STUSCORE                                  //结构体类型定义
5        {
6            public string sNo;
7            public int chineseScore;
8            public int mathScore;
9            public int englishScore;
10           public int totalScore;
11           //结构体类型的带参数构造函数
12           public STUSCORE(string sno, int chinese, int math, int english)
13           {
14               sNo=sno;
15               chineseScore=chinese;
16               mathScore=math;
17               englishScore=english;
18               totalScore=chineseScore+mathScore+englishScore;
19           }
20       }
21       static void Main()
22       {
23           STUSCORE[] SINFO=new STUSCORE[10] { new STUSCORE("001", 80, 89, 90),
             new STUSCORE("002", 76, 90, 88), new STUSCORE("003", 88, 78, 95), new
```

```
        STUSCORE("004", 60, 79, 84), new STUSCORE("005", 86, 87, 69), new
        STUSCORE("006", 56, 89, 70), new STUSCORE("007", 94, 96, 98), new
        STUSCORE("008", 84, 86, 89), new STUSCORE("009", 100, 83, 91), new
        STUSCORE("010", 69, 98, 87)}; //定义并初始化包括10个元素的结构体数组
        STUSCORE temp;
24      for(int i=0; i<10; i++)      //使用选择排序对学生成绩按总成绩降序排列
25      {
26          int maxPos=i;
27          for(int j=i+1; j<10; j++)
28              if(SINFO[j].totalScore>SINFO[maxPos].totalScore)
29                  maxPos=j;
30          if(maxPos !=i)
31          {
32              temp=SINFO[maxPos]; SINFO[maxPos]=SINFO[i]; SINFO[i]=temp;
33          }
34      }
35      Console.Write("{0,10}{1,10}{2,10}{3,10}{4,10}", "SNO", "Chinese",
36      "Math", "English", "Total");
37      Console.WriteLine();
38      for(int i=0; i<10; i++)
39      {
40          Console.Write("{0,10}{1,10}{2,10}{3,10}{4,10}", SINFO[i].sNo,
41          SINFO[i].chineseScore, SINFO[i].mathScore, SINFO[i].englishScore,
42          SINFO[i].totalScore);
43          Console.WriteLine();
44      }
45    }
46  }
```

程序运行情况如下:

```
SNO   Chinese   Math   English   Total
007      94      96      98       288
009     100      83      91       274
003      88      78      95       261
001      80      89      90       259
008      84      86      89       259
002      76      90      88       254
010      69      98      87       254
005      86      87      69       242
004      60      79      84       223
006      56      89      70       215
```

6.1.4　结构体与方法

1. 结构体成员作为方法参数

结构体的成员可以直接作为方法的参数使用，其用法与变量相同。假设有如下方法声明：

```
static double distance(int a, int b);
```

则下面的方法调用是合法的：

```
struct POINT                              //结构体类型定义
{
    public int x;
    public int y;
}
static void Main()
{
    POINT p;
    p.x=1;
    p.y=2;
    double d=distance(p.x, p.y);          //使用结构体成员作为方法调用的实参
}
```

结构体成员除了可以作为值参数对应的实参之外，还可以作为引用形参和输出形参所对应的实参，其用法与变量相同。

2. 结构体作为方法参数

结构体可以作为方法的值参数、引用形参和输出形参。当结构体作为方法的值参数、引用形参或输出形参时，即形参类型为结构体类型，此时方法的定义和调用语法与其他数据类型作为方法的形参时基本一致。下面的代码演示了结构体作为方法的值参数、引用形参和输出形参时方法的定义和调用形式。

```
struct POINT                              //结构体类型定义
{
    public int x;
    public int y;
}
static void Test(POINT a, ref POINT b,out POINT c)
{
    a=b;
    b.x++;
    b.y++;
    c=b;
}
```

```
static void Main()
{
    POINT p1,p2,p3;
    p1.x=1; p1.y=1;
    p2.x=2; p2.y=2;
    Test(p1, ref p2, out p3);
    Console.WriteLine("p1({0},{1})",p1.x,p1.y);        //输出 p1(1,1)
    Console.WriteLine("p2({0},{1})", p2.x, p2.y);      //输出 p2(3,3)
    Console.WriteLine("p3({0},{1})", p3.x, p3.y);      //输出 p3(3,3)
}
```

结构体作为方法的值参数时,将整个结构体深层复制一份到方法的调用空间里,在方法体内对作为值参数传递进来的结构体进行修改时,不会影响到方法体外作为实参的结构体。因此,结构体作为值参数进行传递时花销很大。

3. 结构体作为方法返回值

结构体除了可以作为方法的参数之外,还可以作为方法的返回值。此时方法的定义和调用语法与其他数据类型作为方法的返回类型时基本一致。下面的代码演示了结构体作为方法的返回值时方法的定义和调用形式。

```
static STUSCORE Translate(STUSCORE A);          //方法定义
...
STUSCORE SINFO;                                  //定义结构体变量
SINFO=Translate(SINFO);                          //方法调用
```

此外,结构体数组也可以作为方法的参数和返回值,示例如下:

```
static STUSCORE[] SortScore(STUSCORE[] A);      //方法定义
...
STUSCORE[] SINFO=new STUSCORE[10];               //定义包括 10 个元素的结构体数组
SINFO=SortScore(SINFO);                          //方法调用
```

6.2 枚举类型

枚举与结构体类型一样,是由程序员定义的类型。

6.2.1 枚举类型的定义

枚举类型的定义形式为

```
enum 枚举类型名称 {枚举元素 1[=数值 1], 枚举元素 2[=数值 2],……}
```

上述定义中[]表明这部分不是必需的。枚举类型定义示例如下:

```
enum WEEK { MON=1,TUE,WED,THU,FRI,SAT,SUN}
```

其中，WEEK 是枚举类型，MON 等是枚举元素或称为命名的枚举常量。默认枚举常量从 0 开始，后一个枚举常量为当前枚举常量加 1。但如果指定了某个枚举常量的值后，其后续的枚举常量就从当前枚举常量依次递增 1，如示例中 MON=1，TUE=2，……

使用枚举类型时，还需要注意：

(1) 与结构体类型一样，枚举是值类型，因此直接存储它们的数据，而不是分开存储数据和引用。

(2) 枚举只有一种类型的成员：命名的整数值常量。

(3) 不能对枚举类型的成员使用修饰符。它们都隐式地具有和枚举相同的可访问性。

(4) 由于枚举类型的成员是常量，即使在没有该枚举类型的变量时它们也可以访问。使用枚举类型名、成员引用运算符加成员名的形式就可以实现对枚举类型成员的访问。

(5) 不允许对不同枚举类型的成员进行比较，即使它们的结构和名称完全相同。

6.2.2 枚举类型变量

定义枚举类型变量的语法形式为

```
枚举类型名称 枚举变量名列表;
```

例如：

```
enum WEEK{ MON,TUE,WED,THU,FRI,SAT,SUN}
WEEK day;
```

可以把枚举值赋给枚举类型变量，例如：

```
day=WEEK.SUN;
```

6.2.3 位标志

程序员们长期使用单字(single word)的不同位作为表示一组开/关标志的紧凑方法。枚举类型为此提供了简便的实现方法。

实现的一般步骤方法如下。

(1) 确定需要多少个标志位，并选择一种有足够多位的无符号类型来保持它。

(2) 确定每位代表什么含义，并为之取名。声明一个选中的整数类型的枚举，每个成员由一个比特位置表示。

(3) 使用按位或运算符设置保持该位标志的字中的适当位。

(4) 使用按位与运算符解开位标志。

例如，下面的枚举类型表示纸牌游戏中一副牌的选项。

```
[Flags]
enum CardDeckSetting:uint
{
    SingleDeck=0x01;                    //位 0
```

```
        LargePictures=0x02;                    // 位 1
        FancyNumbers=0x04;                     // 位 2
        Animation=0x08;                        // 位 3
    }
```

上述示例其实是 C# 中支持的一种称为标记枚举的特殊枚举类型。实现标记枚举需要注意:

(1) 在枚举声明的顶部添加[Flags]标记;

(2) 各个枚举项的值应符合 2 的幂指数规律。

本书对位标志和标记枚举不进行深入讨论。

习题

1. 某单位职工的工资包括基本工资、岗位工资、绩效工资,支出包括公积金、房租、工会费、个人所得税,请编程计算该单位职工的实际收入。

2. 设有 3 个候选人参加竞选,每次输入一个得票候选人的姓名,请统计每个候选人的得票情况。

3. 口袋中有红、黄、蓝、白、绿 5 种颜色的球若干。每次从口袋中取出 3 个球,打印出 3 种不同颜色球的可能取法(使用枚举类型)。

4. 计算某日是当年的第几天。注意闰年问题。

5. 编程实现两个时间相加。

6. 图书馆的图书信息包括图书类别、书号、书名、作者、出版社、总册数、已借出册数,编程实现输出当前可以借阅的图书信息。

第7章 类和对象

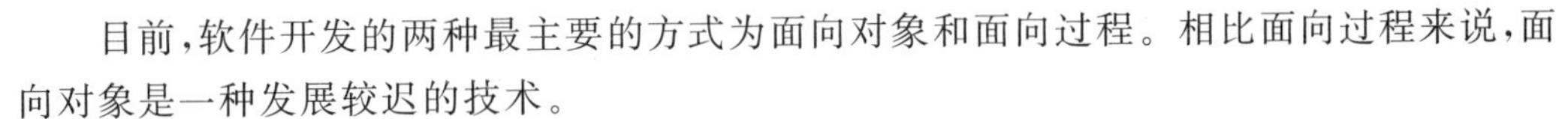

目前，软件开发的两种最主要的方式为面向对象和面向过程。相比面向过程来说，面向对象是一种发展较迟的技术。

在面向对象的分析和设计产生以前，程序员仅把程序当作指令的序列。那时的焦点主要放在指令的组合和优化上。随着面向对象的出现，焦点从优化指令转移到组织程序的数据和功能上。程序的数据和功能被组织为逻辑上相关的数据项和函数的封装集合，称为类。类作为一个有机不可分的整体，对外隐藏具体实现细节，从而实现可重用和易维护等特性，同时还提供了继承功能，支持子类获得父类特征。

因此，类是面向对象最重要和最基本的一个概念，类的出现使得程序员在求解现实问题中逐步从面向过程上升到了面向对象。本章围绕类和类实例或称为对象的定义、使用以及继承等展开讨论。

7.1 类的定义

类(Class)是一个能存储数据并执行代码的数据结构，是逻辑相关的数据和函数的封装，通常代表真实世界中的或概念上的事物。它包括以下内容。

(1) 数据成员。数据成员用来存储与类或对象相关的数据。数据成员通常模拟该类所表示的现实世界事物的特性。

(2) 函数成员。函数成员执行代码，通常模拟类所表示的现实世界事物的功能和操作。

一个C#类可以有任意数目的数据成员和函数成员。成员可以是9种可能的成员类型的任意组合。C#中类的成员类型如表7.1所示。

表7.1 类成员的类型

数据成员(存储数据)	函数成员(执行代码)	
字段 常量	方法 属性 构造函数 析构函数	运算符 索引 事件

字段和方法是最重要的类成员类型。

7.1.1 类定义

类是用户自定义数据类型。如果程序中要使用类类型,必须根据实际需要定义或者使用已定义好的类。

C#定义类的一般形式为

```
[类修饰符] class 类名
{
    成员列表
}
```

进行类声明时可用的类修饰符共有8个,如表7.2所示。

表7.2 类修饰符的含义

访问修饰符	含　义	类性质修饰符	含　义
public	访问不受限制	new	适用于嵌套类。它指定类隐藏同名的继承成员
protected	访问范围限定于它所属的类或从该类派生的类型	abstract	用于表示所修饰的类是不完整的,并且它只能用作基类,即表示该类为抽象类
internal	访问范围限定于此程序	sealed	适用于密封类。用于防止从所修饰的类派生出其他类
private	访问范围限定于它所属的类型	static	用于标记静态类。静态类不能实例化,不能用作类型,而且仅可以包含静态成员

同一修饰符在一个类声明中多次出现会编译出错。常见的类声明中只涉及4个访问修饰符,最常用的可访问性级别有：public 和 internal,类的默认可访问性级别为 public。其他类修饰符会在特殊的类中进一步介绍。

成员列表是类成员的集合,成员数目可以任意,成员类型也可以是9种类型中的任意类型,由具体应用决定。大括号括起来的部分称为类体,同时大括号作为类成员的边界符,所有类的成员必须在大括号内进行声明。类定义完成之后,不能再以任何方式给类增加新的成员。没有任何成员的类称为空类。

类定义是程序员向编译器声明了一种新的数据类型,该数据类型既包括不同类型的数据成员,又包括完成功能和操作的函数成员。类定义与结构体类型定义一样,系统不会为它分配存储空间。

7.1.2 类的成员定义

类的数据成员和函数成员的定义方法不同,下面分别进行介绍。

1. 数据成员的一般定义形式

类在定义时必须给出各数据成员的声明,声明数据成员的一般形式为

```
class 类名
{
    …
    访问修饰符 数据成员类型 数据成员名称列表;
    …
}
```

类的数据成员声明与前面所见到的变量声明、常量声明或结构体成员声明很相似，它允许用逗号隔开多个类型相同的数据成员。

2. 函数成员的一般定义形式

由于面向对象的封装概念，设计类时数据成员一般被隐藏起来不允许外部访问，但是类的函数成员具备访问类数据成员的权限，从而被作为类与外界交互的接口。

在C#类内，类的所有函数成员必须被定义。成员函数的一般定义方式如下：

```
class 类名
{
    …
    访问修饰符 返回类型 成员函数名(形式参数列表)
    {
        函数体
    }
    …
}
```

3. 成员的访问控制

类成员的访问源有两个：类成员和类用户。类成员指类本身的函数成员，类用户指类外部的使用者，如另一个类的成员函数等。声明在类中的成员对系统的不同部分可见，这依赖于类声明中指派给它的访问修饰符。类的每个数据成员和函数成员都有访问控制属性，决定可对之访问的访问源有哪些。描述类成员访问控制属性的修饰符有5种，如表7.3所示。

表7.3　访问修饰符的含义和可访问性

访问修饰符	含　义	同一项目内的类		不同项目内的类	
		非派生	派生	非派生	派生
private	定义私有成员，只在类的内部可访问				
internal	定义内部成员，对该程序内所有类可访问	√	√		
protected	定义受保护的成员，对所有继承该类的类可访问		√		√

续表

访问修饰符	含　义	同一项目内的类		不同项目内的类	
		非派生	派生	非派生	派生
protected internal	定义受保护的内部成员,对所有继承该类或该程序内声明的类可访问	√	√		√
public	定义公有成员,对任何类可访问	√	√	√	√

注:"√"表示可以具有访问权限。

对访问修饰符的使用做如下补充。

(1) 所有显式声明在类中的成员都是互相可见的,无论这些成员具有何种访问控制属性。

(2) 类的成员不会具有比类的整体更开放的访问权限,即如果类的可访问性局限于其所在的程序,那么它的成员至多在当前程序内具有可访问性。

(3) 在定义类时,上述访问修饰符可以以任意顺序出现零次或多次,一个访问修饰符只修饰当前的一个类成员。在实际编程中,使用较多的访问修饰符为 public 和 private。

(4) 如果一个成员在声明时没有携带任何访问修饰符,则默认它是私有成员。这种方式称为隐式地声明私有成员。隐式声明和显式声明在语义上是等价的。

4. 静态成员和实例成员

成员定义时除了使用上述的 5 种访问修饰符,还可以使用 static 关键字进行修饰。针对成员定义时是否使用关键字 static 进行修饰,可以将类的成员分为实例成员和静态成员。

1) 实例成员

实例成员有时称为非静态成员,它与类的对象相关。当字段、方法、属性、事件、索引器、构造函数或析构函数的声明中不包含 static 修饰符时,它声明为实例成员。实例成员具有以下特点。

(1) 使用"类对象名.成员名"的形式进行引用。

(2) 类的每个对象分别包含一组该类的所有实例字段。

(3) 实例函数成员作用于类的给定对象,可借助 this 访问器访问。

2) 静态成员

静态成员与类而不是类对象相关。当字段、方法、属性、事件、运算符或构造函数声明中含有 static 修饰符时,它声明静态成员。此外,类的常量成员会隐式地声明静态成员。静态成员具有下列特征。

(1) 使用"类名.成员名"的形式进行引用。

(2) 静态字段的存储位置由类的所有对象共享,它永远都只有一个副本。

(3) 静态函数成员不能作用于具体的对象,不能使用 this 访问器访问。

下面是类的成员定义示例。

```
class Test
{
```

```
    private int x;                    //显式声明为私有数据成员,外部不能直接访问
    int y;                            //隐式声明为私有数据成员,外部不能直接访问
    protected int z;
              /*显式声明为受保护数据成员,外部不能直接访问,但其派生类可以访问*/
    static public int cnt;            //显式声明为公有的静态数据成员,访问不受限制
    public void set(int a, int b, int c)//显式声明为公有函数成员,访问不受限制
    {
        x=a; y=b;  z=c;               //类内部访问私有数据成员和受保护数据成员
    }
}
```

7.2 类的常用成员

定义类时常用的成员类型有字段、方法、属性、构造函数和析构函数。本节分别对其进行介绍。

7.2.1 字段

1. 字段的定义

字段是隶属于类的变量。它可以是任意数据类型,包括预定义类型和用户自定义类型。字段和变量一样,它可以用来保存数据,并且支持读写操作。字段的声明语法如下:

```
[static] 访问修饰符 数据类型 字段名;
```

方括号内的 static 关键字描述字段的存储机制。当使用 static 修饰字段时,表示这个字段只要类定义之后就由编译器为之分配存储空间,是类的静态字段。而没有 static 关键字修饰的字段如同结构体类型的成员一样,只有定义了类的对象或对类进行实例化(用前面章节的说法就是类类型的变量)之后,才为该对象或类实例分配这个字段的存储空间。因此,没有使用 static 关键字修饰的字段称为实例字段。类的静态字段有唯一的存储空间,被类的所有实例公共访问;而对于类的实例字段,每个类实例都有独立的用以存储该实例字段的存储空间。

当多个字段的可访问性和数据类型一致时,也可以在同一条语句中通过用逗号隔开字段名的方式一起声明。例如:

```
class MyClass
{
    public int r;                     //公有的整型字段 r,类的实例字段
    double x,y;                       //私有的双精度型字段 x,y,类的实例字段
    static public string s;           //公有的字符串型字段 s,类的静态字段
}
```

一般情况下,字段应声明为 private,然后通过类的函数成员实现对它的访问。

除此之外,还可以使用 readonly 或 volatile 修饰符来定义字段的读写权限。

使用 readonly 定义的只读字段只能在字段声明时初始化赋值或者在类的构造函数中对其赋值。例如:

```
class MyClass
{
    static public readonly double PI=3.14;//公有的字符串型字段 s,类的静态字段
}
```

使用 volatile 修饰的可变字段只有在多线程的程序运行环境下,采用优化技术才会造成与非可变字段不同的访问结果,此处不过多介绍。

2. 字段的初始化

对类的字段进行初始化时可以有两种方式:显式字段初始化和隐式字段初始化。

1) 显式字段初始化

对字段进行显式初始化时,语法与对变量进行初始化相同,即在字段声明时直接在字段名后添加等号和字段初始值。例如:

```
class MyClass
{
    int x=17;
}
```

对字段进行显式初始化时需注意,赋给字段的初始值必须是在编译器可以确定的,初始值可以是常量、常量表达式或类型默认值等。

2) 隐式字段初始化

当声明字段时没有初始化语句,则字段的值会被编译器设为默认值。默认值由字段的数据类型决定,预定义的简单类型字段被设置为 0 或 false,引用类型字段被设为 null。例如:

```
class MyClass
{
    int x=17;                               //显式初始化
    public double y;                        //隐式初始化
    bool b;                                 //隐式初始化
    static public string s="hello";         //显式初始化
    static void Main()
    {
        MyClass mc=new MyClass();           //声明类 MyClass 的实例 mc
        Console.WriteLine(mc.x);            //输出 17
        Console.WriteLine(mc.y);            //输出 0
        Console.WriteLine(mc.b);            //输出 false
        Console.WriteLine(MyClass.s);       //输出"hello",注意静态字段的访问形式
    }
}
```

3. 字段的引用

类的静态字段和实例字段的引用方式不同，但是对它们的引用都可以看作同类型的变量，参与各种运算、赋值等操作。

类的静态字段被类的所有实例共有，访问时需要借助于类名和成员运算符来实现，其引用的语法形式如下：

```
类名.字段名
```

例如：

```
class MyClass
{
    static public string s="hello";        //显式初始化
    static void Main()
    {
        MyClass.s="hello world";           //对静态字段赋值
        Console.WriteLine(MyClass.s);      //静态字段作为方法实参
    }
}
```

类的实例字段需要先创建类的对象后，借助类的对象进行引用，具体方法将在对象成员的引用部分进行介绍。

7.2.2 方法

1. 方法的定义

方法是类最重要的一种函数成员。它是具有名称的可执行代码块，可以从程序的很多不同地方执行，甚至从其他程序中执行。方法的作用在于对类或者类对象的数据进行操作，实例方法既能够访问类的静态成员，也能够访问类的实例成员，而静态方法只能直接访问静态成员。方法定义的一般形式如下：

```
[static] 访问修饰符 返回类型 方法名(形式参数列表)
{
    声明部分
    执行语句
}
```

对比发现，类的方法定义与第4章的方法定义十分相似。事实上，C#是一种完全意义上的面向对象语言，任何事物都必须封装在类中，或者作为类的实例成员。第4章的所有方法实际上都是类的函数成员，是上述定义形式中省略了private访问修饰符的类的静态私有方法。同时，第4章有关方法定义的形参、实参、可选参数、方法重载等内容都适用于类的方法定义。为了与字段进行区分，声明在方法中的变量称为本地变量或局部变量，只属于当前方法。

下面是类方法的定义示例：

```
class MyClass
{
        void Print()
        {
            string s="现在是:";                    //定义本地变量 s
            DateTime dt=DateTime.Now;             //获取当前日期和时间
            Console.WriteLine("{0}{1}",s,dt);    //输出当前日期和事件
        }
    }
```

2. 方法的调用

类的静态方法调用时需借助类名和成员运算符，语法形式如下：

```
类名.方法名(参数列表)                          //有参数的静态方法调用
类名.方法名()                                  //无参数的静态方法调用
```

当调用者和被调用的静态方法同属一个类时，可以省略类名和成员运算符。

根据方法有无返回值，对类的静态方法调用时可以3种方式出现：方法调用表达式、方法调用语句和方法调用的实参，并且类的静态方法调用也支持嵌套调用和递归调用两种形式。具体用法请回顾第4章方法调用部分内容。

静态方法调用示例如下：

```
class MyClass
{
    static void Print()
    {
        string s="现在是:";                    //定义本地变量 s
        DateTime dt=DateTime.Now;             //获取当前日期和时间
        Console.WriteLine("{0}{1}",s,dt);    //输出当前日期和事件
    }
    static void Main()
    {
        MyClass.Print();                      //或 Print();
    }
}
```

类的实例方法需要先创建类的对象后，借助类的对象进行引用，具体方法将在对象成员的引用部分进行演示。

3. Main 方法

Main 方法是C#中类的一个特殊方法，它是C#程序的执行入口点，因此每个C#程序都必须有一个并且只能有一个叫作 Main 的方法才能被执行。

本书前面章节示例中看到的所有 Main 方法既没有参数也不返回值，实际上 Main 方法一共有 4 种形式可以作为程序的入口点：

```
static void Main()      {…}
static void Main(string[] args)     {…}
static int Main()      {…}
static int Main(string[] args)     {…}
```

前面两种形式在程序终止后都不会给执行环境返回值，后两种形式则在执行结束后返回 int 值。如果使用返回值，通常用于报告程序的成功与失败，0 通常代表程序执行成功。

第 2 种和第 4 种形式允许用户在启动程序时从命令行向程序传入实参。命令行参数具有如下重要特性。

(1) 可以有 0 个或多个命令行参数。即使没有参数，args 参数也不会为 null，而是一个没有元素的数组。

(2) 参数由空格或制表符隔开。

(3) 每个参数都被程序解释为字符串，但是在命令行中不需要为参数附加双引号。

带参数的 Main 函数示例如下，程序名为 Test：

```
class Program
{
    static void Main(string[] args)
    {
        foreach(string s in args)
            Console.WriteLine(s);
    }
}
```

如下命令行使用 3 个参数执行上述程序：

```
Test Hello Welcome C#
```

程序执行后输出结果如下：

```
Hello
Welcome
C#
```

有关 Main 方法的补充说明如下：

(1) Main 方法必须声明为 static，否则程序无法启动。

(2) Main 方法可以声明在程序中任意的类或结构体中。

(3) Main 方法默认被声明为 private，此时只能通过执行环境来启动当前程序；Main 方法可以被声明为 public，使得其他程序能够访问它。

7.2.3 属性

为了实现良好的数据封装和数据隐藏，类字段的访问权限一般定义为 private 或

protected,保证在类外不能直接访问这些字段。提供给类外用户访问这些私有或受保护字段的唯一方式是通过类的public方法来访问。C#的属性把字段和访问它们的方法相结合,对类的用户而言,属性提供了与字段读写相同的使用方法;对于编译器而言,属性值的读写是通过类中封装的两个特殊方法:set访问器和get访问器实现的,便于进行安全检查、权限控制和额外操作。因此,相比字段来说,属性更安全、更"聪明"。

1. 属性的定义

属性声明的一般形式为

```
[访问修饰符] 属性类型 属性名
{
    get
    {
        //获取属性值的代码
        return 表达式;                    //这里可以输入更多代码,此处是典型代码
    }
    set
    {
       //设置属性值的代码
    }
}
```

惯例是一个public属性关联一个相应的私有字段,属性值的存储访问实际就是对这个私有字段的读写操作。和属性关联的字段常被称为后备字段或后备存储。属性名和后备字段名一般使用相同内容,但字段名使用Camel命名法,属性名使用Pascal命名法,借此把属性和字段联系在一起。

定义中的get和set分别称为读访问器和写访问器,同时具备get和set两个访问器的属性称为可读可写属性,只具有get访问器的属性称为只读属性,只具有set访问器的属性称为只写属性。属性到底需要哪个访问器需要由实际情况来决定。下面是一个可读可写的属性示例:

```
class DATE
{
    private int month;
    public int Month                    //定义属性 Month
    {
        get
        {
              return month;
        }
        set
        {
            if(value<1||value>12)       //过滤非法的月份值
```

```
                month=1;
            else
                month=value;
        }
    }
}
```

有些情况下，属性也可以不与每个字段关联，而作为特殊的方法使用，如用于各种控制和计算，例如，下面示例中类 DATE 的属性 MonthDays：

```
class DATE
{
    private int month;
    public int Month                             //定义属性 Month
    {
        get
        {
            return month;
        }
        set
        {
            if(value<1 || value>12)              //过滤非法的月份值
                month=1;
            else
                month=value;
        }
    }
    public int MonthDays                         //定义属性 MonthDays
    {
        get
        {
            if(month==2)
                return 28;
            else if(month==4 || month==6 || month==9 || month==11)
                return 30;
            else
                return 31;
        }
    }
}
```

2. 属性的访问器

set 和 get 访问器有预定义的语法和语义。

set 访问器返回类型总为 void，它只有一个单独的、隐式的值参，名称为 value，其类型与属性的类型相同。set 访问器的隐式参数 value 是一个普通的值参,它可以发送数据到访问器中,并且在访问器中可以像使用普通变量一样使用 value。

get 访问器没有参数,返回类型与属性类型相同。编写 get 访问器时需注意,其所有执行路径都必须包含一个 return 语句,用以返回与属性类型相同的值。

set 和 get 两个访问器在属性声明时顺序任意,并且它们是属性声明中唯一允许存在的方法。

由于属性具有 set 和 get 访问器,使得程序员可以处理输入和输出,并且编译后的字段和编译后的属性语义不同,所以属性比公共字段具有更高的使用频率。

3. 属性的使用

当属性声明包含 static 修饰符时,称该属性为静态属性。静态属性不能访问类的实例成员。当不存在 static 修饰符时,称该属性为实例属性。静态属性不与特定实例相关联,引用语法如下:

```
类名.属性名
```

根据属性的读写权限和类型,属性引用可以参与各种运算、赋值等。示例如下:

```
class STUDENT
{
        static private int age;
        static public int Age                         //定义静态属性 Age
        {
            get
            {
                return age;
            }
            set
            {
                if(value<0 || value>150)              //过滤非法的年龄值
                    age=0;
                else
                    age=value;
            }
        }
}
class MyClass
{
    static void Main()
    {
            STUDENT.Age=10;                           //对属性进行赋值
            Console.WriteLine(STUDENT.Age);           //属性作为方法调用的实参
```

```
        }
    }
```

类的实例属性需要先创建类的对象后，借助类的对象进行引用，具体方法将在对象成员的引用部分进行演示。

4. 自动实现属性

由于属性经常被关联到后备字段，C# 3.0 增加自动实现属性，允许只声明属性而不声明后备字段，编译器会为属性创建隐藏的后备字段，并且自动挂接到 set 和 get 访问器上。

自动实现属性的主要特点如下：

(1) 不声明后备字段，由编译器根据属性的类型自动分配存储空间。

(2) 不能提供访问器的方法体，访问器必须被简单地声明为分号。get 实现简单的内存读，set 实现简单的内存写。

(3) 除非通过访问器，否则不能访问自动实现属性的后备字段。因此，自动实现属性必须同时提供读写访问器。

下面是一个自动实现属性的示例：

```
class Test
{
    static public int MyValue                    //定义静态属性 Age
    {
        get;
        set;
    }
}
class MyClass
{
    static void Main()
    {
        Test.MyValue=10;                         //对属性进行赋值
        Console.WriteLine(Test.MyValue);         //属性作为方法调用的实参
    }
}
```

自动生成属性使用方便，使得用户更愿意在声明公共字段的时候使用属性来代替。

7.2.4　构造函数和析构函数

构造函数用于初始化对象的状态或类层次的项目，析构函数则用于完成在销毁对象之前需要的清理或释放非托管资源的行为。详细内容将在对象的定义和使用部分进行讲述。

7.3 对象的定义和使用

7.3.1 对象的定义和创建

1. 对象的定义

定义一个类时,也就是定义了一个具体的数据类型。若要使用类,需要将类实例化,即定义该类的对象。定义类对象的方法为

```
类名 对象名列表;
```

类是引用类型的,当定义了对象之后,系统会为数据引用分配存储空间,但是用来保存对象的实际数据的空间并没有分配。下面是对象定义的示例:

```
class Point
{
    int x;
    int y;
    public void set(int a,int b)
    {x=a;y=b;}
}
class Program
{
    static void Main()
    {
        Point p1,p2;
        …
    }
}
```

2. 对象的创建

定义对象之后,需要为对象的实际数据分配内存才能对该对象进行访问,即需要创建对象。创建对象时需要使用 new 运算符。new 运算符可以为任意指定的类类型的实例分配并初始化内存。创建对象的语法形式如下:

```
对象名=new 类名();
```

例如,针对上述的对象 p1、p2 的定义,其创建语句如下:

```
p1=new Point();
p2=new Point();
```

进行对象的创建时,需要注意:

(1) new 运算符后为要创建的对象所属类的类名。

(2) 类名后的圆括号不能省略，并且后续内容中会看到圆括号中还可以带有参数对对象进行初始化。

(3) 可以将对象的定义和创建合并在一起，如“Point p1=new Point();”。

7.3.2 对象的初始化

如果希望在创建对象时对之进行一些状态的设置，则可进行对象的初始化。C#中实现对象初始化的方式有两种：借助构造函数或使用对象初始化列表。

1. 借助构造函数实现对象的初始化

7.3.1节曾提到使用new运算符创建对象时，可以在new运算表达式的圆括号中带有参数，从而实现对象的初始化。但是，new运算表达式的圆括号中所带参数并不是任意的，圆括号中是否支持参数、可以携带几个参数是由对象所属类的构造函数形式决定的。

C#的类支持两种构造函数：实例构造函数和静态构造函数。实例构造函数是实现初始化类实例所需操作的成员。静态构造函数是一种用于在第一次加载类本身时实现其初始化所需操作的成员。

构造函数的声明如同方法一样，不过它没有返回类型，并且它的名称与其所属的类的名称相同。如果构造函数声明包含static修饰符，则它声明了一个静态构造函数。否则，它声明的是一个实例构造函数。

1) 实例构造函数

实例构造函数是一个特殊的方法，它在创建类的每个新对象时执行，用以初始化对象的状态。一般情况下，实例构造函数应该声明为public，因为大部分的对象是在它所属类的外部创建的。下面是实例构造函数的一般定义形式：

```
public 类名(参数列表)
{
    函数体
}
```

或

```
public 类名()
{
    函数体
}
```

定义实例构造函数时，需要注意：

(1) 实例构造函数可以带有参数，也可以不带参数，实例构造函数的参数设置决定了对象创建时new运算表达式中圆括号中的参数格式。

(2) 实例构造函数可以重载，重载规则与方法重载的规则相同。

下面是实例构造函数的示例：

```
class Point
```

```
{
    int x;
    int y;
    public void set(int a,int b)
    {x=a;y=b;}
    public Point(){}                          //构造函数 1
    public Point(int a,int b){ x=a;y=b;}      //构造函数 2
}
```

从示例代码中可以看出,类 Point 的实例构造函数具有两种重载方式。因此,使用 new 运算符创建该类的对象时,圆括号中可以有带有两个整型实参和不带参数两种形式,如下所示:

```
Point p1=new Point();      //调用不带参数的构造函数 1
Point p2=new Point(3, 4);  //调用带参数的构造函数 2,将对象 p2 的 x、y 初始化为 3、4
```

因此,如果在创建类的对象时需要支持对象的初始化操作,需要编写相应的实例构造函数。

有时候在类的定义中并没有编写实例构造函数,但是依然可以使用 new 运算符创建该类的对象。这是因为当类的声明中没有显式提供实例构造函数时,编译器会提供一个隐式的默认构造函数。默认构造函数不带参数,并且方法体为空。调用默认构造函数实现对象创建时,new 运算表达式后的圆括号内不能带有参数。

值得注意的是,一旦程序员声明了任何实例构造函数,编译器就不再为该类提供默认的构造函数了。例如:

```
class Point
{
    int x;
    int y;
    public void set(int a, int b)
    { x=a; y=b; }
    public Point(int a, int b){ x=a; y=b; }
}
class MyClass
{
    static void Main()
    {
        Point p1=new Point();    //编译错误,因为 Point 类没有不带参数的实例构造函数
          …
        }
}
```

2) 静态构造函数

C#类的静态构造函数初始化类层次的项目。通常,静态构造函数初始化类的静态字段,即初始化类的所有对象公共访问的字段。类层次的项目初始化必须在任何静态成

员被引用之前,同时也必须在该类的所有对象创建之前。下面是静态构造函数的示例:

```
class Point
{
    int x;
    int y;
    static public int cnt;
    static Point(){ cnt=0; }                    //静态构造函数,初始化静态字段 cnt
    public Point(){ cnt++; }
    public Point(int a, int b){ x=a; y=b; cnt++; }
}
class MyClass
{
    static void Main()
    {
        Console.WriteLine(Point.cnt);           //输出 0
        Point p1=new Point();
        Console.WriteLine(Point.cnt);           //输出 1
        Point p2=new Point(3,4);
        Console.WriteLine(Point.cnt);           //输出 2
    }
}
```

使用静态构造函数时,需要注意:

(1) 静态构造函数只有一个,不能重载,并且不能带参数。

(2) 静态构造函数不能有访问修饰符,它由系统自动调用。

(3) 类的静态构造函数和实例构造函数可以共存。

(4) 静态构造函数不能访问类的实例成员。

2. 使用对象初始化列表实现对象的初始化

C#还支持使用对象初始化列表进行对象的初始化。语法形式如下:

```
new 类名(参数列表){对象初始化列表}                //包括构造函数参数列表的形式 1
```

或

```
new 类名 {对象初始化列表}                        //形式 2
```

例如,对于 Point 类,如果它有两个公有的整型实例字段 X 和 Y,就可以使用如下语句进行对象初始化:

```
Point p1=new Point{X=3,Y=4};
```

使用对象初始化列表时,需要注意:

(1) 要初始化的字段和属性必须是创建对象的代码可访问的。

(2) 初始化发生在实例构造函数执行之后,因此可能在实例构造函数执行后对对象

进行二次设置。如下所示:

```
class Point
{
    public int x;
    public int y;
    public Point(int a, int b){ x=a; y=b; }
}
class MyClass
{
    static void Main()
    {
        Point p1=new Point(3,4);
        Console.WriteLine("{0},{1}",p1.x,p1.y);      //输出 3,4
        Point p2=new Point(3, 4){ x=1,y=1};
        Console.WriteLine("{0},{1}", p2.x, p2.y);    //输出 1,1
    }
}
```

7.3.3 对象的使用

1. 对象成员的引用

类的实例成员和类的每个对象相关,每个对象都有自己的一组实例数据成员,因此实例成员其实是类实例自己的成员,即对象的成员。对象成员的引用形式如下:

```
对象名.实例成员名                                    //对象的数据成员引用
```

或

```
对象名.实例成员名(实参列表)
                    //对象的函数成员引用,根据函数成员的定义形式,实参列表可以为空
```

需要注意的是,如果该对象处于所属类的外部,则只能引用类的公有成员。下面是对象成员的引用示例:

```
class Point
{
      public int x;
      int y;
      public Point(int a, int b){ x=a; y=b; }
      public void Print()
      {
          Console.WriteLine("{0},{1}", x, y);
      }
}
```

```
class MyClass
{
    static void Main()
    {
        Point p1=new Point(3,4);
        p1.x=1;                          //访问公有数据成员 x
        p1.y=2;                          //编译出错,不能在类外访问类的私有成员
        p1.Print();                      //访问公有函数成员 Print
        Console.Read();
    }
}
```

2. 对象的运算

对象支持赋值、相等与不相等运算,但是需要参与运算的两个对象为同一类的对象。例如:

```
Point p1=new Point(3, 4), p2=new Point(1, 2);
bool b;
b=(p1==p2);                          //b 为 false
p2=p1;                               //p1,p2 都指向 p1 实际成员的保存地址
b=(p1==p2);                          //b 为 true
```

需要注意的是,由于类是引用类型,所以对象之间的赋值、比较都是针对对象的引用进行的,与对象成员的实际内容没有关系。

除此之外,对象还支持 is 和 as 运算。其中,is 运算符检查对象是否与给定类型兼容,例如:

```
Point p1=new Point(3, 4);
bool b=(p1 is Point);                //b 为 true
```

as 运算符用于在兼容的引用类型之间执行某些类型的转换,例如:

```
Point p1=new Point(3, 4);
Object o=p1 as Object;
Console.WriteLine(o);                //输出 ConsoleApplication1.Point
```

is 和 as 运算符更多应用于父类对象和派生类对象之间进行类型转换。

3. 对象与数组

将具有相同类类型的对象有序地集合在一起可以构成对象数组。一维对象数组的定义形式为

```
类名[] 对象数组名=new 类名[数组长度];
```

关于对象数组有以下说明。

（1）如果对象数组所属类具有带参数的构造函数时，可以对对象数组进行初始化。例如：

```
Point[] p1=new Point[3]{new Point(1,1),new Point(2,2),new Point(3,3)};
```

（2）对象数组中每个元素是一个对象，可以按照使用对象的方法对之进行操作。例如：

```
Point[] p1=new Point[3]{new Point(1,1),new Point(2,2),new Point(3,3)};
p1[0].Print();
```

7.3.4　对象的销毁

1. 借助析构函数销毁对象

当程序中不再需要一个对象时，会将该对象进行销毁。析构函数就是用以实现销毁对象所需操作的成员。每个类只能有一个析构函数，析构函数不能带参数，不能具有可访问性修饰符。析构函数具有和类相同的名称，但以“～”字符作为前缀，其形式如下所示：

```
~类名()
{
    函数体
}
```

需要注意的是，析构函数只对类的对象起作用，因此没有静态析构函数；同时，析构函数不能被显式调用，垃圾回收期间会自动调用所涉及类的析构函数。并且，析构函数只释放对象拥有的外部资源，即非托管资源。

由于垃圾回收器在决定何时回收对象和运行析构函数方面允许有广泛的自由度，析构函数可以在任何线程上执行，仅当没有其他可行的解决方案时，才应在类中实现析构函数。

2. 借助 using 语句销毁对象

除析构函数之外，第 3 章介绍的 using 语句提供了更好的对象析构方法。

```
using(Font font1=new Font("Arial", 10.0f))
{
    byte charset=font1.GdiCharSet;
}                                         //此处释放对象 font1 所占用的资源
```

7.3.5　this 访问

this 关键字在类中使用，是对当前对象的引用。this 访问只能在实例构造函数、实例方法或属性和索引的实例访问器中使用，不能在任何静态函数成员的代码中使用。它通常用作以下两个目的。

(1) 用于区分类的成员和方法的本地变量或参数。

(2) 用作调用方法的实参。

下面是 this 关键字的使用示例：

```
class Myclass
{
    int Var1=10;
    public int Max(int Var1)
    {
        return Var1>this.Var1
            ? Var1                          //参数
            : this.Var1;                    //字段
    }
}
class program
{
    static void Main()
    {
        Myclass mc=new Myclass();
        Console.WriteLine("Max:{0}", mc.Max(20));    //输出 Max:20
        Console.WriteLine("Max:{0}", mc.Max(2));     //输出 Max:10
    }
}
```

7.4 类的其他成员

C#的类还支持其他类型成员，如常量、索引、事件、运算符。本节将对它们进行简单介绍。

7.4.1 常量

1. 常量的定义

成员常量与常量比较相似，只不过它们被作为类成员进行声明。常量的声明语法如下：

```
访问修饰符 const 数据类型 常量名=常量值;
```

例如：

```
class MyClass
{
    const double PI=3.14;
}
```

用于初始化常量成员的值在编译期必须是可计算的,而且通常是一个预定义简单类型或由它们组成的表达式,并且成员常量只能在声明时赋值,任何在声明之后给常量成员赋值的动作都会造成编译错误。另外,常量成员没有自己的存储位置,因此不能使用 static 关键字进行修饰。

2. 常量的引用

常量成员对类的每个对象都是可见的,是类的所有对象共有的,因此必须借助类名来引用常量成员。引用常量成员的示例如下:

```
class MyClass
{
    public const double PI=3.14;            //公有常量成员
}
class Test{
    static void Main()
    {
        Console.WriteLine(MyClass.PI);    //使用类名来访问常量成员,输出 3.14
    }
}
```

7.4.2 索引

索引是一组 get 和 set 访问器,类似于属性的访问器。索引支持按照引用数组元素的方法来索引对象。与属性不同的是,索引通常表示多个数据成员,并且它总是以类的实例成员的方式存在。

声明索引的一般语法形式为

```
返回类型 this[参数列表]
{
    get
    {…}
    set
    {…}
}
```

声明索引时需要注意,索引没有名称,在名称的位置是关键字 this;参数列表中至少必须声明一个参数。

下面是一个索引的示例:

```
class MyClass
{
    int x;
    int y;
    public int this[int index]              //定义索引
```

```
    {
        get
        {
            if(index==0)
                return x;
            else
                return y;
        }
        set
        {
            if(index==0)
                x=value;
            else
                y=value;
        }
    }
}
class Test
{
    static void Main()
    {
        MyClass mc=new MyClass();
        mc[0]=10;                                        //使用索引访问私有字段 x
        mc[1]=15;                                        //使用索引访问私有字段 y
        Console.WriteLine("{0},{1}",mc[0],mc[1]);  //输出 10,15
    }
}
```

只要索引的参数列表不同，类可以不止一个索引，即支持索引重载。

7.4.3　事件

事件是一种使对象或类能够提供通知的成员。客户端可以通过提供事件处理程序为相应的事件添加可执行代码。

事件机制是以消息为基础的，特定的操作会发生相应的消息，而关注该事件的对象收到这些消息时，即开始执行指定的处理过程。在这个过程中，有产生事件的对象和接收事件的对象两方，产生事件的对象也叫事件发生者或事件触发器，接收事件的对象也称为事件订阅者或事件接收者。

事件的设计机制比较复杂，不做过多描述。

7.4.4　运算符

运算符是一种用来定义可应用于类实例的表达式运算符含义的成员。运算符的定义形式如下：

```
运算符修饰符 type operator 运算符符号(参数列表)
{
    语句序列
};
```

C#中可重载的运算符包括以下三类。

(1) 一元运算符:+、-、!、~、++、--、true、false。

(2) 二元运算符:+、-、*、/、%、&、|、^、<<、>>、==、!=、>、<、>=、<=。

(3) 转换运算符:implicit、explicit。

下列规则适用于所有的运算符声明:

(1) 运算符声明必须同时包含一个 public 和一个 static 修饰符。

(2) 运算符的形参必须是值形参,在运算符声明中指定其他形参会导致编译时错误。

(3) 运算符的签名必须不同于在同一个类中声明的所有其他运算符的签名。

(4) 运算符声明中引用的所有类型都必须具有与运算符本身相同的可访问性。

(5) 同一修饰符在一个运算符声明中多次出现是错误的。

下面是类的运算符成员的示例:

```
class LimitedInt
{
    private int theValue=0;
    public int TheValue                            //定义属性,限定在-100~100 的整数
    {
        get {return theValue;}
        set
        {
            if(value<-100)
                theValue=-100;
            else if(value>100)
                theValue=100;
            else
                theValue=value;
        }
    }
    public static LimitedInt operator -(LimitedInt x)              //一元运算符"-"
    {
        LimitedInt li=new LimitedInt();
        li.TheValue=-x.TheValue;
        return li;
    }
  public static LimitedInt operator+(LimitedInt x,LimitedInt y) //二元运算符"+"
    {
        LimitedInt li=new LimitedInt();
        li.TheValue=x.TheValue+y.TheValue;
```

```
            return li;
        }
    public static LimitedInt operator -(LimitedInt x,LimitedInt y)      //二元运算符"-"
    {
            LimitedInt li=new LimitedInt();
            li.TheValue=x.TheValue-y.TheValue;
            return li;
        }
}
class program
{
    static void Main()
    {
        LimitedInt l1=new LimitedInt(),l2=new LimitedInt(),l3=new LimitedInt();
        l1.TheValue=10;
        l2.TheValue=120;
        l3=-l1;
        Console.WriteLine("-{0}:{1}", l1.TheValue,l3.TheValue); //输出-10:-10
        l3=l1+l2;
        Console.WriteLine("{0}+{1}:{2}", l1.TheValue,l2.TheValue,l3.TheValue);
                                                            //输出 10+100:100
        l3=l1-l2;
        Console.WriteLine("{0}-{1}:{2}", l1.TheValue,l2.TheValue,l3.TheValue);
                                                            //输出 10-100:-90
    }
}
```

7.5 继承与派生

继承、封装和多态性是面向对象编程的3个主要特性。继承用于创建可重用、扩展和修改在其他类中定义的行为的新类。

7.5.1 基类与派生类

继承就是在一个已存在的类的基础上建立一个新的类。已经存在的类称为父类或基类,新建立的类称为子类或派生类。

子类或派生类从父类那里获得其特性的现象称为继承。继承可以使得子类具有父类的各种属性和方法,而不需要再次编写相同的代码。在子类继承父类的同时,可以重新定义某些属性,并重写某些方法,从而覆盖父类的原有属性和方法,使其获得与父类不同的功能。

C#规定,派生类只能有一个直接基类。但是,C#支持多级继承,即允许派生类作为新的基类来产生新的派生类。并且继承是可传递的,即如果A派生出B,B派生出C,则

C 会继承 B 和 A 中声明的成员。此时,B 称为 C 的直接基类,A 称为 C 的间接基类,而 B 称为 A 的直接派生类,C 称为 A 的间接派生类。

一般来说,基类抽取了派生类的共同特征,而派生类通过增加信息将抽象的基类变为某种具体的类型,派生类是基类定义的延续,是对基类的具体化。C# 中所有类都默认继承自 object 类。

7.5.2 派生类的定义

派生类的一般定义形式为

```
访问修饰符 class 派生类名称:父类名称
{
    成员列表
}
```

派生类的成员定义格式与前面介绍的类成员定义格式相同。一般来说,派生类的成员列表中只定义派生类新增加的成员。例如:

```
class Person                                    //基类定义
{
    public string Name                          //基类成员,属性 Name
    { get; set; }
    public int Age                              //基类成员,属性 Age
    {get; set; }
    public string Gender                        //基类成员,属性 Gender
    { get; set; }
}
class Student : Person                          //派生类定义
{
    public string Sno                           //派生类成员,属性 Sno
    { get; set; }
    public string Smajor                        //派生类成员,属性 Smajor
    { get; set; }
}
```

7.5.3 派生类的构成

派生类的成员由两部分构成,一部分是从基类继承得到的,另一部分是自己定义的新成员,派生类的成员访问属性仍然可以使用表 7.3 所描述的 5 种访问修饰符进行修饰。

设计派生类时,需要注意:

(1) 派生类可以继承基类中除了实例构造函数、析构函数和静态构造函数之外的所有其他成员,无论这些基类成员具有怎样的可访问性。当然,对于有些基类成员在派生类中可能是无法访问的。

(2) 继承具有传递性,派生类将会继承其所有直接基类和间接基类的成员。

（3）派生类可以根据实际需求在继承基类的基础上添加新的成员。但是，派生类并不能移除继承来的成员的定义。

（4）派生类可以通过声明具有相同名称或签名的新成员来隐藏被继承的同名基类成员，使被隐藏的成员在派生类中不可直接访问。

7.5.4　派生类成员的访问

派生类的成员包括从基类继承来的成员和派生类新增的成员。这两部分成员的访问属性是按照不同的规则处理的。

（1）对于从基类继承的成员，按照下面的规则进行处理。

① 基类中声明为 private 的成员虽然可以被派生类继承，但是不能被派生类成员和派生类用户访问。

② 基类中声明为 protected 的成员可以被派生类成员访问，但是不能被派生类用户访问。

③ 基类中声明为 protected internal 的成员可以被同一个程序中的派生类成员访问。

④ 基类中声明为 internal 的成员可以被同一个程序中的派生类成员和派生类用户访问。

⑤ 基类中声明为 public 的成员在派生类中访问同样不受限制。

（2）对于派生类的新增成员，其访问遵守表 7.3 的访问修饰符的说明。

下面是派生类成员的访问示例：

```
class Person                                  //基类定义
{
    private string name;
    public string Name
    {
        get { return name; }
        set { name=value; }
    }
    protected int Age;
}
class Student : Person                        //派生类定义
{
    internal string Sno
    { get; set; }
    public string Smajor
    { get; set; }
    public void set(string sname,int sage)
    {
        Name=sname;                           //访问从基类继承的公有成员
        Age=Age;                              //访问从基类继承的保护成员
    }
```

```
    }
    class program
    {
        static void Main()
        {
            Student st=new Student();
            st.set("jerry",19);                 //访问派生类新增的公有成员
            st.Name="Jerry";                    //访问从基类继承的公有成员
            st.Sno="001";                       //访问派生类新增的内部成员
            st.Smajor="computer";               //访问派生类新增的公有成员
        }
    }
```

7.5.5 派生类的构造函数和析构函数

在定义派生类时,并没有继承基类的构造函数和析构函数。如果要对派生类的成员进行初始化,需要编写派生类的构造函数。同时,如果要释放派生类对象时同样需要调用派生类自己的析构函数。

1. 派生类的构造函数

在设计派生类的构造函数时,不仅需要考虑派生类新增成员的初始化,还需要考虑从基类继承的数据成员的初始化。默认情况下,创建派生类的实例时,基类的无参数构造函数被调用。当基类存在带参数的构造函数时,如果希望派生类使用一个指定的基类构造函数而不是无参数的构造函数时,必须在构造函数的初始化语句中执行。此时,派生类的构造函数定义如下:

```
public 派生类名称(参数列表):base(要调用的基类构造函数的参数列表)
{
    函数体
}
```

当声明一个不带构造函数初始化语句的构造函数时,它是带有 base()组成的构造函数初始化语句的形式的简写,如下所示两种形式是语义等价的。

```
//形式 1
public 派生类名称(参数列表)                    //隐式调用基类的无参构造函数
{
    函数体
}
//形式 2
public 派生类名称(参数列表):base()             //显式调用基类的无参构造函数
{
    函数体
}
```

创建派生类的对象时，会先调用基类的构造函数，再调用派生类的构造函数。例如：

```
class Person                                //基类定义
{
    public string name;
    protected int Age;
    public Person(string n, int a)          //基类构造函数
    {
        name=n; Age=a;
        Console.WriteLine("Constructor:Person");
    }
}
class Student : Person                      //派生类定义
{
    internal string Sno
    { get; set; }
    public string Smajor
    { get; set; }
    public Student(string sno, string smajor, string sname, int sage): base(sname,
sage)                                       //派生类构造函数,调用基类有参构造函数
    {
        Sno=sno; Smajor=smajor;
        Console.WriteLine("Constructor:Student");
    }
}
class program
{
    static void Main()
    {
        Student st=new Student("001","computer","Jerry",21);
    }
}
```

程序运行情况如下：

```
Constructor:Person
Constructor:Student
```

2. 派生类的析构函数

销毁派生类对象时，需要由派生类的析构函数调用基类的析构函数。在派生类中定义的析构函数用来完成对派生类中新增加的资源的清理工作，基类所申请的资源仍然由基类的析构函数来清理。系统会自动调用派生类的析构函数和基类的析构函数完成对象的清理工作。

7.5.6 多态性

多态性是面向对象程序设计的一个重要特征,同一操作作用于不同类的实例、不同的类型将进行不同的解释,产生不同的结果,即为多态。C#可以通过继承实现多态性,实现的办法为对基类的成员进行隐藏或覆盖。

1. 隐藏基类的成员

C#规定派生类不能删除它继承的任何成员,但是在派生类中可以隐藏从基类继承的成员。要隐藏一个基类的成员:

(1) 对于数据成员来说,需要声明一个新的相同类型的成员,并使用相同的名称;对于函数成员来说,需要声明新的带有相同签名的函数成员,注意函数的签名由函数名和参数列表组成,不包括返回类型。

(2) 为了避免在隐藏基类成员时编译器出现警告信息,在派生类中声明用来隐藏基类成员的同名成员时需要使用 new 修饰符。

下面是一个隐藏基类成员的示例:

```
class Person                                   //基类定义
{
    public string name;
    protected int Age;
    public void print()
    {
        Console.WriteLine("I am a Person.");
    }
}
class Student : Person                         //派生类定义
{
    internal string Sno
    { get; set; }
    public string Smajor
    { get; set; }
    new protected int Age;                     //隐藏基类数据成员 Age
    new public void print()                    //隐藏基类方法 print
    {
        Console.WriteLine("I am a student.");
    }
}
```

基类的静态成员也可以被派生类隐藏。

如果在派生类中必须完全地访问基类被隐藏的成员,可以使用基类访问表达式。基类访问表达式如下所示:

```
base.基类成员名
```

例如，要访问示例中 Person 类的 print 方法，就使用如下形式：

```
base.print();
```

但是，如果代码中经常使用这种访问形式则说明类的设计不太合理，需要重新评估。

2. 覆盖基类的成员

派生类的实例由基类的实例加上派生类附加的成员组成。派生类的引用指向整个类对象，包括基类部分。如果有一个派生类对象的引用，使用类型转换运算符把该引用转换成基类类型，就可以获取该对象基类部分的引用，格式如下所示：

```
(基类名)派生类对象名
```

将派生类对象的引用转换成基类引用来访问派生类对象时，得到的是基类的成员。但是，虚方法提供了使基类引用访问“升至”派生类内的方法。

虚方法即为使用关键字 virtual 声明的实例方法；没有使用关键字 virtual 声明的方法称为非虚方法。借助虚方法使得基类引用调用派生类的方法需要满足下列条件：

(1) 派生类的方法和基类的方法具有相同的方法签名和返回类型。

(2) 基类的方法必须使用 virtual 声明为虚方法。

(3) 派生类的方法需要使用 override 标注为覆写方法。

下面的代码展示了如何使用派生类方法覆写基类方法：

```
class MyBase
{
    virtual public void Print()            //基类的虚方法
    {…}
}
class MyDerived:MyBase
{
    override public void Print()           //派生类对基类的虚方法进行覆写
    {…}
}
```

使用虚方法和覆写方法时还需注意：

(1) 虚方法和覆写方法必须具有相同的可访问性。

(2) 不能覆写静态方法和非虚方法。

(3) 方法、属性、索引以及事件都可以使用 virtual 和 override 进行声明和覆写。

(4) 覆写方法可以出现在继承的任意层次上。当使用对象基类引用调用一个覆写方法时，方法的调用被沿派生层次追溯到标记为 override 的方法的最派生版本，或称为继承序列中辈分最小的版本。

下面是使用虚方法和覆写方法的示例：

```
class Person                               //基类定义
{
```

```
    virtual public void print()            //虚方法
    {
        Console.WriteLine("I am a Person.");
    }
}
class Student : Person                     //派生类定义
{
    override public void print()           //覆写方法
    {
        Console.WriteLine("I am a student.");
    }
}
class Academician : Student                //派生类定义
{
    override public void print()           //覆写方法
    {
        Console.WriteLine("I am an academician.");
    }
}
class program
{
    static void Main()
    {
        Academician ac=new Academician();
        ac.print();
        Student st=(Student)ac;
        st.print();
        Person p=(Person)ac;
        p.print();
    }
}
```

程序运行情况如下：

```
I am an academician.
I am an academician.
I am an academician.
```

由程序运行结果可以看出，不同引用对 print 方法的调用都是执行的类 Academician 的 print 方法，即最派生的覆写方法，或该方法在继承序列中辈分最小的覆写版本。

7.6 一些特殊的类形式

7.6.1 分部类

如果一个类的内容很长，则可以将类的声明分割成几个部分来声明，每个部分称为一个分部类。每个分部类的声明中都含有一些类成员的声明,这些分部类可以在一个文件中,也可以在不同文件中。

将类分割成几个分部类声明时,每个局部必须被标为 partial class,而不是单独的关键字 class。除了必须添加类型修饰符 partial 之外,分部类的声明和普通类声明相同。下面是分部类的一般声明形式:

```
partial class PartClass
{
    成员 1 的声明
    成员 2 的声明
    …
}
partial class PartClass
{
    成员 n 的声明
    成员 n+1 的声明
    …
}
```

组成类的所有分部类声明必须一起编译,并且这些分部类分开声明和在一起声明应该具有相同的含义。

7.6.2　抽象类

抽象类即为使用 abstract 关键字修饰的类,它内部可能包括使用 abstract 修饰的没有实现的虚方法,称为抽象方法。抽象类是不完整的类,它只能用作基类来派生出其他类,其中包含的抽象方法必须在每个非抽象派生类中重写。例如:

```
abstract class A                          //抽象类 A
{
    public abstract void F();             //抽象方法 F
}
abstract class B: A                       //抽象类 B
{
    public void G(){}
}
class C: B                                //非抽象类 C
{
    public override void F(){             //覆写基类中的抽象方法 F
        // actual implementation of F
    }
}
```

使用抽象类时,需要注意:

(1) 抽象类不能直接实例化,并且对抽象类使用 new 运算符会导致编译时错误。

(2) 允许但不要求抽象类包含抽象成员,但是包含抽象成员的类必须声明为抽象类。

(3) 抽象类声明时不能使用 sealed 修饰符。

(4) 当从抽象类派生非抽象类时,这些非抽象类必须具体实现所继承的所有抽象成员,从而重写那些抽象成员。

7.6.3 密封类

如果类定义时使用 sealed 修饰符进行修饰,则说明该类是一个密封类。密封类只能被用作独立的类,不能从密封类派生出其他类。如果一个密封类被指定为其他类的基类,则会发生编译时错误。下面是一个密封类的一般定义形式:

```
sealed class 类名
{
    成员列表
}
```

需要注意的是,密封类不能同时声明为抽象类。并且由于密封类永远不会有任何派生类,所以当调用密封类实例的虚函数成员时可以转换为非虚调用来处理。

7.6.4 静态类

使用 static 修饰符声明的类称为静态类。静态类不能实例化,不能用作类型,而且仅可以包含静态成员。使用静态类时需要遵守下面的规则,违反这些规则时将导致编译时错误。

(1) 静态类不可包含 sealed 或 abstract 修饰符。

(2) 静态类不能显式指定基类或所实现接口的列表,它隐式地从 object 类继承。

(3) 静态类只能包含静态成员。

(4) 静态类不能含有声明的可访问性为 protected 或 protected internal 的成员。

静态类没有实例构造函数,静态类中不能声明实例构造函数,并且对于静态类也不提供任何默认实例构造函数。静态类的成员并不会自动成为静态的,成员声明中必须显式包含一个 static 修饰符(常量和嵌套类型除外)。

7.7 作用域与生命期

7.7.1 作用域

作用域在许多程序设计语言中非常重要。通常来说,一段程序代码中所用到的名字并不总是有效/可用的,而限定这个名字的可用性的代码范围就是这个名字的作用域。作用域的使用提高了程序逻辑的局部性,增强程序的可靠性,减少名字冲突。

在同一个作用域中,C# 程序中的每个名字与唯一的实体对应;只要在不同的作用域上,程序就可以多次使用相同的名字来对应不同作用域中的不同实体。

1. 类型的作用域

除了预定义数据类型之外，C#还支持用户自定义类型，如结构体、枚举和类类型。C#中类型的作用域与命名空间密切相关。在一个命名空间里，类型名称与唯一的一个类型定义对应。如果在一个命名空间里需要使用在另一个命名空间里定义的类型，则需要使用该类型的完全限定名，或在程序开头使用 using 指令指定该类型所在的命名空间后才能使用类型名与相应的类型定义对应。

2. 变量的作用域

C#中包括4种变量(对象是引用类型的变量)：局部变量、字段、参数、数组元素。

定义在方法体内的局部变量的作用域有以下两种情况。

(1) 局部变量的作用域从其定义处开始，到该变量所在的块语句或者方法体结束的封闭花括号之前终止。

(2) for、while、do、foreach 等语句中声明的局部变量作用域从变量定义处到该语句体结束。例如：

```
int fun()
{                                              } sum的作用域
    int sum=0;
    for(int i=0;i<=100;i++)         } i的作用域
    {
        int cnt=0;     } cnt的作用域
        ...
    }
}
```

字段的作用域与类的作用域相关，只要类在某个作用域内，其字段也在该作用域内。

方法的参数被认为具有从方法体的开始到方法体结束为止的作用域。例如：

```
int f(int x)   } x的作用域
{
    ...
}
```

数组是一组类型相同的变量集合，因此数组元素的作用域与数组的定义位置相关。数组元素的作用域从数组定义处开始，到该数组所在的块语句或者方法结束的封闭花括号之前终止。在 for、while、do、foreach 等语句中声明的数组作用域即为该语句体内。

7.7.2 生命期

生命期即生存期，是程序执行过程中实体存在的时间，它与实体的作用域有较大的差别。C#中具有生存期的元素只有变量(对象被认为是引用类型的变量)。下面对C#中各种变量的生存期进行说明。

1. 静态字段的生存期

使用 static 关键字修饰的类字段在包含它的那个类型的静态构造函数执行之前就存在了,在关联的应用程序域终止时被销毁。

2. 实例字段的生存期

类的实例字段从类的实例被创建开始存在,直到该实例不再被访问时结束存在。结构的实例字段与它所属的结构变量具有完全相同的生存期。换言之,当结构类型的变量开始存在或停止存在时,该结构的实例字段也随之存在或消失。

3. 数组元素的生存期

数组的元素在创建数组实例时开始存在,在没有对该数组实例的引用时停止存在。

4. 参数的生存期

值形参在调用该参数所属的函数成员(方法、实例构造函数、访问器或运算符)时开始存在,并用调用中给定的实参值初始化。当返回该函数成员时,值参数停止存在。

引用参数不创建新的存储位置。引用参数表示的是那个在对该函数成员调用中被当作"自变量"的变量所表示的同一个存储位置。因此,引用参数的值与生存期总是与基础变量相同。

输出参数同样不创建新的存储位置。输出参数表示的也是那个在对该函数成员调用中被当作"自变量"的变量所表示的同一个存储位置。因此,输出参数的值与生存期总是与基础变量相同。

5. 局部变量的生存期

局部变量的生存期是程序执行过程中的某一段。在此期间,一定会为该局部变量保留存储。此生存期从进入与局部变量关联的块、for 语句、switch 语句、do 语句、foreach 语句、try 语句、using 语句等开始,一直延续到对应的块或语句的执行以任何方式结束为止。如果程序以递归方式进入块或相应的语句,则每次都创建局部变量的新实例,并且重新初始化(如果该变量有初始化设置)。

实际上,局部变量的实际生存期依赖于具体实现。例如,编译器可能静态地确定块中的某个局部变量只用于该块的一小部分。使用这种分析,编译器生成的代码可能会使该变量存储的生存期短于包含该变量的块的生存期。注意,C# 中没有静态局部变量。

另外,引用类型的局部变量所引用的存储空间的回收与该局部引用变量的生存期无关。

习题

1. 定义一个 Tree 类,数据成员包括名称、类属、高度、树龄等,函数成员包括 Print 用以输出某棵树的具体信息和 Set 用以设置树的各种信息。

2. 定义一个矩形类，能够记录矩形的长和宽信息，可以计算矩形面积和周长。

3. 设计一个 Teacher 类，能够保存教师的工号、姓名、系别、教龄等信息，能够实现信息录入和输出。

4. 设计一个日期类，能够使用 yyyy/mm/dd 格式输入一个日期信息，能够计算两个日期之间的时间间隔，能够进行加 N 天的操作，其中，N 为整数。

5. 设计一个时间类，实现常见的时间操作。

6. 设计一个复数类，实现复数的加减运算。

7. 设计一个 Animal 类，从其派生出 Cat 类和 Dog 类。

8. 设计一个 Shape 类，派生出矩形类 Rect、圆形类 Circle 和三角形类 Triangle，实现计算特定形状的面积和周长。

第8章 规模化程序设计

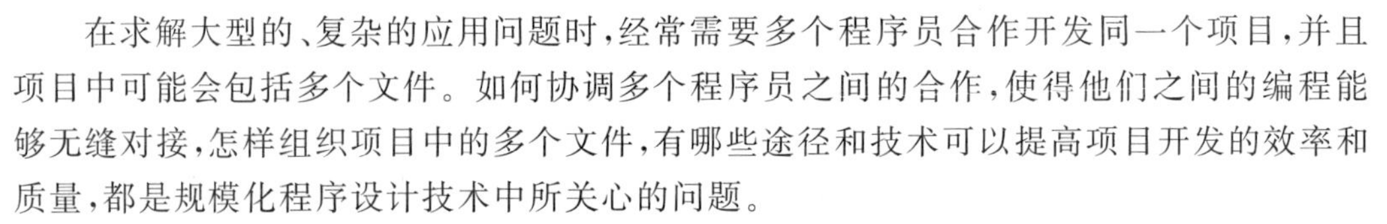

在求解大型的、复杂的应用问题时，经常需要多个程序员合作开发同一个项目，并且项目中可能会包括多个文件。如何协调多个程序员之间的合作，使得他们之间的编程能够无缝对接，怎样组织项目中的多个文件，有哪些途径和技术可以提高项目开发的效率和质量，都是规模化程序设计技术中所关心的问题。

C#提供了多种进行规模化程序设计会用到的技术，如接口、程序集、命名空间等，本章将对这些技术进行详细介绍。

8.1 接口

接口是类和类之间的协议，使用接口可以使实现接口的类或结构在形式上保持一致，使程序更加清晰和条理化，具有很好的扩展性，并可以方便实现类与类之间的统一管理，是组件技术的重要支撑。

8.1.1 接口的声明

接口是一个与抽象类在特性方面比较类似的概念，但是接口比抽象类更"抽象"，接口把所有的方法和属性都掏空了，其内部只有声明没有实现代码。接口的声明语法如下：

```
[修饰符] interface 接口名[:父接口列表]
{
    //接口体
}
```

下面就是一个接口的声明示例：

```
public interface IComparable
{
    int CompareTo(object obj);
}
```

接口 IComparable 的声明中没有为方法 CompareTo 提供实现，但是与该接口相关的文档中会描述该方法应该在实现接口 IComparable 的类或结构中被实现，并且会定义该方法的功能。所以实现该接口的类和结构都需要按照接口 IComparable 的功能说明进行接口内方法的实现。因此,接口就是一组类或结构的一种实现形式约定。

声明接口时,应该遵守下面的规则:

(1) 接口声明不能包括数据成员。

(2) 接口声明只能包括成员类型为方法、属性、事件和索引的非静态成员函数的声明。

(3) 接口的函数成员声明不能包括任何实现代码,每个函数成员声明的主体后必须使用分号。

(4) 按照惯例,接口的名称必须从大写的 I 开始。

(5) 与类和结构相似,接口声明可以分割成分部接口声明。

(6) 接口声明可以使用所有的访问修饰符 public、protected、internal 和 private。

(7) 接口的成员是隐式 public 的,不允许有任何访问修饰符,包括 public。

C# 支持一个接口继承多个接口,示例如下:

```
interface IDataRead
{
    int GetData();
}
interface IDataWrite
{
    int SetData();
}
interface IDataIO: IDataRead, IDataWrite
{
    int TransData();
}
```

上述的接口 IDataIO 中包括 3 个函数成员:自己新增的函数成员 TransData 以及从两个基接口中继承来的 GetData 方法和 SetData 方法。

8.1.2 接口的实现

只有类和结构可以实现接口。要实现接口,类或结构必须在基类列表中包括接口名称,并且必须为每一个接口成员提供实现。下面是一个接口实现的示例:

```
interface IDataPrint
{
    void PrintData(int a,int b,int c);
}
class DatePrint:IDataPrint
{
    void PrintData(int a,int b,int c)
    {
        Console.WriteLine("{0}/{1}/{2} ",a,b,c);
    }
```

```
}
class TimePrint:IDataPrint
{
    void PrintData(int a,int b,int c)
    {
        Console.WriteLine("{0}:{1}:{2} ",a,b,c);
    }
}
```

实现接口时需注意,如果类从基类继承并实现接口,则基类列表中基类名称必须放在任何接口之前。

C#支持一个类或结构实现多个接口,所有实现的接口必须在基类列表中用逗号分隔,例如:

```
interface IDataRead
{
    int GetData();
}
interface IDataWrite
{
    void SetData(int x);
}
class MyDataIO: IDataRead, IDataWrite
{
    int val;
    public int GetData()
    {
        return val;
    }
    public void SetData(int x)
    {
        val=x;
    }
}
```

如果一个类实现了多个接口,并且其中一些接口有相同签名和返回类型的成员,则类可以实现单个成员来满足所有包含重复成员的接口,也可以通过显式实现方式分别实现每个接口的成员,例如:

```
interface IPrint1
{
    void Print(string s);
}
interface IPrint2
{
```

```
    void Print(string t);
}
class MyPrint1: IPrint1, IPrint2
{
    public void Print(string t)
    {
        Console.WriteLine(t);                    //两个接口的单一实现
    }
}
class MyPrint2: IPrint1, IPrint2
{
    void IPrint1.Print(string s)
    {
        Console.WriteLine("****{0}****",s);     //显式的接口成员实现
    }
    void IPrint2.Print(string s)
    {
        Console.WriteLine("===={0}====",s);  //显式的接口成员实现
    }
}
```

显式接口实现只可以通过指向接口的引用来访问,其他类成员都不可以直接访问它们,下面是上述类 MyPrint2 的显式接口实现的引用:

```
MyPrint2 my=new MyPrint2();
IPrint1 ipt1=(IPrint1)my;
ipt1.Print("IPrint1");                          //输出****IPrint1****
IPrint2 ipt2=(IPrint2)my;
ipt2.Print("IPrint2");                          //输出====IPrint2====
```

8.2 命名空间和程序集

一个 C# 程序允许由多个文件组成,即支持多文件程序结构。C# 的很多集成开发环境支持将一个项目中多个文件集中编译并自动组合程序的所有部分。进行项目开发时,程序员可以使用已有类库中的类或类型,同样可以创建自己的类库。这些类库文件通常以.dll 为扩展名,称为程序集。使用已有的程序集或创建并使用自己的程序集是大规模程序设计中不可或缺的环节。

8.2.1 程序集

程序集是包含一个或者多个类型定义文件和资源文件的集合。在程序集包含的所有文件中,有一个程序集信息清单,用于保存程序集中文件的名称、程序集的版本、语言文化、发布者、共有导出类型,以及组成该程序集的所有文件。程序集的结构如图 8.1 所示。

程序集是.NET 框架应用程序的主要构造块。所有托管类型和资源都包含在某个程

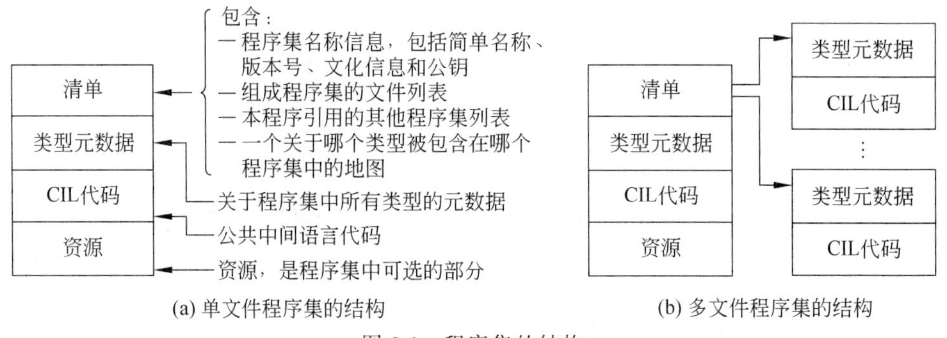

图 8.1 程序集的结构

序集内,并被标记为只能在该程序集的内部访问,或者被标记为可以从其他程序集中的代码访问。程序集在安全方面也起着重要作用,是实施安全策略和版本策略的最小单位。

进行项目开发时,可以引用已有的程序集,如本书示例中使用的 Console 类就是被定义在名称为 mscorlib 的程序集中,该程序集的文件名称为 mscorlib.dll。C# 的集成开发环境提供了把其他程序集引入到当前项目中的方法。同样,也可以自己创建程序集,部署安装后供其他程序使用。

8.2.2 命名空间和 using 指令

当进行大型项目开发时,会使用大量的程序集,设计大量的类型。为了解决这些程序集和类型之间的命名冲突问题,C# 提供了使用命名空间对类型进行组织的机制。

命名空间是用来组织和重用代码的编译单元,是共享命名空间名称的一组类和类型。每个命名空间具有与其他命名空间不相同的唯一名称。

1. 声明命名空间

程序员可以在包括类型声明的源文件中声明命名空间,从而创建命名空间。命名空间借助关键字 namespace 进行声明,语法形式如下:

```
namespace 命名空间名
{
    命名空间成员
}
```

命名空间的成员即命名空间中包括的类和类型,命名空间中包含的所有的类和类型的声明必须放在命名空间声明的大括号内。命名空间名是一个字符串,该字符串中可以包含"."字符,"."字符加在类名或类型名的前面进行信息分隔和层次组织,如下所示是一个命名空间的声明示例:

```
namespace MineLib
{
    public class Test
    {…}
```

```
    …
}
```

进行命名空间命名时，一般遵循下面的原则。

(1) 命名空间名称可以是任何有效的标识符。

(2) 一般使用公司名作为命名空间名的开始，在公司名后跟着技术名称。

(3) 不要把命名空间命名为与类或类型相同的名称。

命名空间可以嵌套，产生嵌套的命名空间。嵌套的命名空间允许程序员创建类型的概念层次。声明嵌套命名空间的方法有两种，语法形式如下所示：

```
//形式 1
namespace 命名空间名 1
{
    命名空间 1 的成员
    namespace 命名空间名 2
    {
        命名空间 2 的成员
    }
}
//形式 2
namespace 命名空间名 1
{
    命名空间 1 的成员
}
namespace 命名空间名 1.命名空间名 2
{
    命名空间 2 的成员
}
```

下面是对命名空间的补充说明。

(1) 在命名空间内，每个类型名必须有别于所有其他类型。

(2) 命名空间不是封闭的，它可以在多个源文件中进行再次声明以增加更多的成员。

2. using 指令

当程序员使用命名空间对类和类型进行组织之后，为了唯一标记所使用的类和类型，需要使用包括命名空间名、分隔点以及类名的完整字符串，即类的完全限定名来完成类或类型的调用。下面是使用类的完全限定名来描述类 Console：

```
System.Console.WriteLine("hello");
```

但是，如果类的完全限定名很长时，在代码通篇进行使用会十分烦琐。借助 using 编译指令可以避免这种情况。using 指令包括 using 命名空间指令和 using 别名指令，使用 using 指令时必须放在源文件的顶端，在所有的类型声明之前，同时 using 指令对源文件中的所有命名空间有效。

1) using命名空间指令

using命名空间指令通知编译器程序员将要使用来自某个指定命名空间的类型,因此使用using命名空间指令后,程序员可以使用简单类名而不是使用完全限定名来修饰所使用的类。using命名空间指令的格式如下:

```
using 命名空间名;
```

例如:

```
using System;
using System.Data.Common;
```

当编译器遇到一个不在当前命名空间的名称时,它检查在using命名空间指令中给出的命名空间列表,并把该未知名称加到列表中的第一个命名空间后面,如果结果完全限定名匹配了该程序集或引用程序集中的一个类,编译器将使用那个类。如果不匹配,那么编译器将试验列表中下一个命名空间,直到找到匹配的类为止。如果列表中所有的命名空间中都没有找到匹配的类,程序将会出现编译错误。因此,使用using命名空间指令后,可以通过简单类名来引用类。例如:

```
using System;
…
  Console.WriteLine("hello");
…
```

2) using别名指令

using别名指令允许给命名空间或命名空间中的一个类型起一个别名,之后程序中可以借助别名引用命名空间或类型。using别名指令的语法形式如下:

```
using 别名=命名空间名;                    //给命名空间起别名
using 别名=类的完全限定名;                //给类型起别名
```

如:

```
using Syst=System;                       //给命名空间 System 起别名 Syst
using SC=System.Console;                 //给类 System.Console 起别名 SC
```

下面是借助using别名指令简化代码的示例:

```
using Syst=System;                       //给命名空间 System 起别名 Syst
using SC=System.Console;                 //给类 System.Console 起别名 SC
…
  SC.WriteLine("hello");                 //调用类 System.Console 的方法 WriteLine
  Syst.Console.Read();                   //调用命名空间 System 中类 Console 的方法 Read
…
```

C# 6.0增加了using static语法,这种静态引用只能引用类,不能引用命名空间。通过这种语法支持类中静态方法的便捷调用。例如:

```
using static System.IP.File;
```

```
FileStream fs=Open("test.txt",FileMode.Open);
                              /*直接使用 File 类的静态方法 Open,替代 File.Open*/
```

8.3 常用预处理指令

源代码指定了程序的定义,预处理指令指示编译器如何处理源代码。C# 中的预处理指令由编译器来处理,预处理指令作为词法分析阶段的一部分处理,并不存在单独的预处理阶段,预处理指令一词只是沿用了 C 和 C++ 语言中的叫法。

预处理指令从来不会被翻译为可执行代码中的命令,但会影响编译过程的各个方面。预处理指令提供按条件跳过源文件中的节、报告错误和警告条件,以及描绘源代码的不同区域的能力。例如,使用预处理指令可以禁止编译器编译代码的某一部分。如果计划发布两个版本的代码,即基本版本和有更多功能的企业版本,就可以使用这些预处理器指令;在编译软件的基本版本时,使用预处理指令还可以禁止编译器编译与额外功能相关的代码。另外,在编写提供调试信息的代码时,也可以使用预处理指令。

8.3.1 预处理指令的基本规则

下面是使用预处理指令时应注意的一些重要语法规则。

(1) 预处理指令总是占用源代码中的单独一行。

(2) 预处理指令不需要使用分号作为结尾标志。

(3) 预处理指令必须以 # 字符和预处理指令名称开头,在 # 字符之前和 # 字符与指令之间可以有空格。

(4) 包含 #define、#undef、#if、#elif、#else、#endif 或 #line 指令的源代码行可以用单行注释结束。在包含预处理指令的源行上不允许使用带分隔符的注释(/*…*/样式的注释)。

(5) 预处理指令既不是标记,也不是 C# 句法文法的组成部分。但是,可以用预处理指令包含或排除标记序列,并且可以用这种方式影响 C# 程序的含义。

表 8.1 列出了 C# 中支持的预处理指令及其含义。

表 8.1 预处理指令

指令名称	指令格式	含义
声明指令	#define 条件编译符号	使给定的条件编译符号成为已定义的符号(从跟在指令后面的源代码行开始)
	#undef 条件编译符号	使给定的条件编译符号成为未定义的符号(从跟在指令后面的源代码行开始)
条件编译指令	#if 表达式	表达式值为 true 时,编译下面的片段
	#elif 表达式	表达式值为 true 时,编译下面的片段
	#else	如果之前的 #if 或 #elif 表达式为 false,编译下面的片段
	#endif	标记一个 #if 结构的结束

续表

指令名称	指令格式	含　义
行指令	#line 行标识符	改变编译器在输出(如警告和错误)中报告的行号和源文件名称
诊断指令	#error 错误消息	显示编译时的错误消息
	#warning 警告消息	显示编译时的警告消息
区域指令	#region 名称	标记一段代码的开始,没有编译效果
	#endregion 名称	标记一段代码的结束,没有编译效果
pragma 指令	#pragma 文本信息	指定有关程序上下文的信息

后面将对C#中常用的预处理指令进行详细介绍。

8.3.2 声明指令

声明指令用于定义或取消定义条件编译符号。其语法形式如下所示:

```
#define 条件编译符号                    //使给定的条件编译符号成为已定义的符号
#undef  条件编译符号                    //使给定的条件编译符号成为未定义的符号
```

#define 指令使给定的条件编译符号成为已定义的符号(从跟在指令后面的源代码行开始)。类似地,#undef 指令使给定的条件编译符号成为未定义的符号(从跟在指令后面的源代码行开始)。源文件中的任何#define 和#undef 指令都必须位于所有"实代码"的前面,否则将发生编译时错误。例如:

```
#define A    //正确,因为 #define 指令位于源文件中第一个标记(namespace 关键字)的前面
namespace N
{
    #define B                          //编译错误,因为 #define 指令在实代码后面出现
    #if B
    class Class1 {}
    #endif
}
```

#define 指令可用于重复地定义一个已定义的条件编译符号,而不必对该符号插入任何#undef。例如:

```
#define A
#define A
```

#undef 可以"取消定义"一个本来已经是未定义的条件编译符号。例如:

```
#define A
#undef A
#undef A                               //该指令没有作用但仍是有效的
```

声明指令中的条件编译符号只有定义与未定义两种状态，它可以是除了 true 和 false 之外的任何标识符，包括 C# 的关键字以及在 C# 代码中声明的标识符，并且声明指令中的条件编译符号没有值，不表示字符串。

8.3.3 条件编译指令

条件编译指令允许根据某个编译符号是否被定义标注一段代码被编译或被跳过。用以完成条件编译的指令有 #if、#else、#elif 和 #endif，它们通过预处理表达式和条件编译符号来控制条件编译功能。

1. 条件编译符号

条件编译符号为除 true 或 false 外的任何标识符或关键字，具有两种可能的状态：已定义（defined）或未定义（undefined）。

条件编译符号可以由外部机制(如命令行编译器选项)或由声明指令 define 进行定义成为已定义状态。该符号的已定义状态一直保持到遇到同一符号的 #undef 指令或者到达源文件的结尾。

当在预处理表达式中引用时，已定义的条件编译符号具有布尔值 true，未定义的条件编译符号具有布尔值 false。C# 语言不要求在预处理表达式中引用条件编译符号之前显式声明它们，未声明的符号作为未定义的符号处理，具有值 false。

2. 预处理表达式

预处理表达式可以出现在 #if 和 #elif 指令中。在预处理表达式中允许使用 !、==、!=、&& 和 || 运算符，并且可以使用括号进行分组。

当在预处理表达式中引用时，已定义的条件编译符号具有布尔值 true，未定义的条件编译符号具有布尔值 false。预处理表达式的计算总是产生一个布尔值。预处理表达式的计算规则与常量表达式相同，唯一的例外是：在这里，唯一可引用的用户定义实体是条件编译符号。下面是预处理表达式的示例：

```
DEBUG && RETAIL
!A
```

3. 条件编译指令

条件编译指令用于按条件包含或排除源文件中的某些部分。语法形式如下：

```
#if 预处理表达式              //表达式值为 true 时,编译下面的片段
#elif 预处理表达式            //表达式值为 true 时,编译下面的片段
#else                         //if 或 elif 表达式值为 false 时,编译下面的片段
#endif                        //#if 的结束标记
```

按照语法规定，条件编译指令必须写成集的形式，集的组成依次为：一个 #if 指令，零个、一个或多个 #elif 指令，零个、一个或多个 #else 指令和一个 #endif 指令。指令

之间是源代码片段。每节源代码由直接位于它前面的那个指令控制。

条件编译指令的执行流程如下：

(1) 按顺序计算 #if 和 #elif 指令的预处理表达式,直到得出 true 值。

(2) 如果某个预处理表达式的结果为 true,则选择对应指令紧接着的源代码片段。

(3) 如果所有预处理表达式的结果都为 false 并且存在 #else 指令,则选择 #else 指令后紧接着的源代码片段,否则不选择任何源代码片段。

条件编译指令中包括的源代码必须符合词法文法。下面是一个条件编译指令的示例：

```
#define Debug                    // 调试状态
using System;
class Test
{
    static void Main()
    {
        String s="hello";
            #if Debug
            Console.WriteLine("This is a debug message!");
        #else
            Console.WriteLine(s);
        #endif
            Console.Read();
    }
}
```

当预处理指令出现在多行输入元素的内部时,不作为预处理指令处理。例如：

```
class Hello
{
    static void Main()
    {
        System.Console.WriteLine(@"hello,
#if Debug
        world
#else
        Nebraska
#endif
        ");
    }
}
```

程序运行情况如下：

```
hello,
#if Debug
```

```
                world
#else
                Nebraska
#endif
```

习题

1. 设计接口 Shape,其中包括两个函数成员：double Area()和 double Perimeter(),然后从中派生出矩形类 Rect、圆形类 Circle 和三角形类 TriAngle。

2. 设计一个简易计算器程序,包括两个源文件 A.cs 和 B.cs,分别实现基本算术运算和复杂运算。

3. 设计一个程序,包括调试版本和正式发行版本两个形式。

第9章

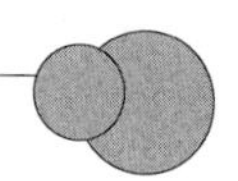

永久性数据的操作

很多程序处理的数据是保存在内存中的，这些数据具有易失性。如果希望数据能够永久保存，则应该将数据写入文件。因此，使用程序访问文件是十分重要的。对于计算机而言，文件往往保存在磁盘之类的外部设备中，对文件的操作常常涉及对相关文件夹的操作，操作文件和操作文件夹是程序访问文件的两个主要方面。

9.1 文件概述

9.1.1 文件和流

“文件”是指按一定的结构和形式存储在外部设备上的相关数据的集合。

文件有很多分类的标准，按照文件的访问方式可将文件分为顺序文件和随机文件两种。

(1) 顺序文件

顺序存取的文件称为顺序文件。顺序文件没有内部逻辑结构。

(2) 随机文件

随机存取的文件称为随机文件，它以记录格式保存数据。文件由多个记录组成，每个记录都有相同的大小和格式。只要给出记录号，就可以迅速地找到指定的记录进行读写操作。

按照文件的存储方式，可以将文件分为二进制文件和 ASCII 码文件两种。

(1) 二进制文件

二进制存储文件简称为二进制文件，数据均以二进制方式存储，存储的基本单位是字节。二进制文件能够任意读写所需要的字节，可以节省存储空间和避免编码转换。由于一个字节并不对应一个字符，所以不能直接打印输出或编辑二进制文件。

(2) ASCII 码文本文件

ASCII 码文本文件中的数据以字符形式表示，因而便于按字符形式逐个处理，也便于打印输出字符。但 ASCII 文本文件一般占用存储空间较多，且存在编码转换的运行开销。

.NET 用流(Stream)来表示数据的传输操作。将数据从内存传输到某个载体或设备中的流称为输出流；反之，将数据从设备或载体传入内存的流称为输入流。因此，对文件的访问可以借助文件流来实现，对文件读写时，将文件处理成字符流或二进制流，对文件的读写其实就是读取字符流或二进制流。在.NET 框架中，对文件的读写操作非常简单，它借助于 I/O 数据的通用模型 System.IO，对所有的数据源使用相同的代码进行操作。

9.1.2 System.IO 模型

System.IO 模型中的资源由命名空间 System.IO 提供。System.IO 命名空间包含允许读写文件和数据流的类型以及提供基本文件和目录支持的类型。表 9.1～表 9.3 分别列出了 System.IO 命名空间提供的部分常用的类、结构和枚举。

表 9.1 System.IO 提供的部分类

类　　名	说　　明
BinaryReader	用特定的编码将基元数据类型读作二进制值
BinaryWriter	以二进制形式将基元类型写入流，并支持用特定的编码写入字符串
BufferedStream	给另一流上的读写操作添加一个缓冲层。此类不能被继承
Directory	公开用于创建、移动和枚举通过目录和子目录的静态方法。此类不能被继承
DirectoryInfo	公开用于创建、移动和枚举目录和子目录的实例方法。此类不能被继承
DirectoryNotFoundException	当找不到文件或目录的一部分时所引发的异常
DriveInfo	提供对有关驱动器的信息的访问
DriveNotFoundException	当尝试访问的驱动器或共享不可用时引发的异常
EndOfStreamException	读操作试图超出流的末尾时引发的异常
ErrorEventArgs	为 Error 事件提供数据
File	提供用于创建、复制、删除、移动和打开文件的静态方法，并协助创建 FileStream 对象
FileFormatException	应该符合一定文件格式规范的输入文件或数据流的格式不正确时引发的异常
FileInfo	提供创建、复制、删除、移动和打开文件的实例方法，并且帮助创建 FileStream 对象。此类不能被继承
FileLoadException	当找到托管程序集却不能加载它时引发的异常
FileNotFoundException	尝试访问磁盘上不存在的文件失败时引发的异常
FileStream	为文件提供 Stream，既支持同步读写操作，也支持异步读写操作
FileSystemEventArgs	提供目录事件的数据：Changed、Created、Deleted
FileSystemInfo	为 FileInfo 和 DirectoryInfo 对象提供基类
FileSystemWatcher	侦听文件系统更改通知，并在目录或目录中的文件发生更改时引发事件

续表

类名	说明
IOException	发生 I/O 错误时引发的异常
MemoryStream	创建一个后备存储为内存的流
Path	对包含文件或目录路径信息的 String 实例执行操作。这些操作是以跨平台的方式执行的
PathTooLongException	当路径名或文件名长度超过系统定义的最大长度时引发的异常
RenamedEventArgs	为 Renamed 事件提供数据
Stream	提供字节序列的一般视图
StreamReader	实现一个 TextReader,使其以一种特定的编码从字节流中读取字符
StreamWriter	实现一个 TextWriter,使其以一种特定的编码向流中写入字符
StringReader	实现从字符串进行读取的 TextReader
StringWriter	实现一个用于将信息写入字符串的 TextWriter。该信息存储在基础 StringBuilder 中
TextReader	表示可读取连续字符系列的读取器
TextWriter	表示可以编写一个有序字符系列的编写器。该类为抽象类

表 9.2 System.IO 提供的部分结构

结构名	说明
WaitForChangedResult	包含发生的更改信息

表 9.3 System.IO 提供的部分枚举

类名	说明
DriveType	定义驱动器类型常数,包括 CDRom、Fixed、Network、NoRootDirectory、Ram、Removable 和 Unknown
FileAccess	定义用于控制对文件的读访问、写访问或读/写访问的常数
FileAttributes	提供文件和目录的属性
FileMode	指定操作系统打开文件的方式
FileOptions	表示用于创建 FileStream 对象的附加选项
FileShare	包含用于控制其他 FileStream 对象对同一文件可以具有的访问类型的常数
NotifyFilters	指定要在文件或文件夹中监视的更改
SearchOption	指定是搜索当前目录,还是搜索当前目录及其所有子目录
SeekOrigin	提供表示流中的参考点以供进行查找的字段
WatcherChangeTypes	可能会发生的文件或目录更改

9.2 文件存储管理

对文件的存储管理包括对目录的管理和对文件的管理两个方面。

9.2.1 目录管理

System.IO 命名空间中提供了两个用于目录管理的类：Directory 和 DirectoryInfo。Directory 类中包括许多用于操作文件夹的静态方法，如表 9.4 所示。

表 9.4 Directory 类的主要方法

方法名	说明
CreateDirectory(String)	按 path 的指定创建所有目录和子目录
CreateDirectory(String, DirectorySecurity)	创建指定路径中的所有目录，并应用指定的 Windows 安全性
Delete(String)	从指定路径删除空目录
Delete(String, Boolean)	删除指定的目录并(如果指示)删除该目录中的任何子目录
Exists	确定给定路径是否引用磁盘上的现有目录
GetCreationTime	获取目录的创建日期和时间
GetCurrentDirectory	获取应用程序的当前工作目录
GetDirectories(String)	获取指定目录中子目录的名称
GetDirectoryRoot	返回指定路径的卷信息、根信息或两者同时返回
GetFiles(String)	返回指定目录中的文件的名称
GetFiles(String, String)	返回指定目录中与指定搜索模式匹配的文件的名称
GetFileSystemEntries(String)	返回指定目录中所有文件和子目录的名称
GetFileSystemEntries(String, String)	返回与指定搜索条件匹配的文件系统项的数组
GetLastAccessTime	返回上次访问指定文件或目录的日期和时间
GetLastWriteTime	返回上次写入指定文件或目录的日期和时间
GetLogicalDrives	检索此计算机上格式为"＜盘符＞:\"的逻辑驱动器的名称
GetParent	检索指定路径的父目录，包括绝对路径和相对路径
Move	将文件或目录及其内容移到新位置

Directory 类用于典型操作，如复制、移动、重命名、创建和删除目录，也可将 Directory 类用于获取和设置与目录的创建、访问及写入操作相关的 DateTime 信息。

使用 Director 类时需注意，在接收路径作为输入字符串的成员中，路径必须是格式良好的，否则将会引发异常。然而，如果路径是完全限定的，但是以空格开头，则空格不会被省略，并且不会引发异常。同样，路径或路径的组合不能被完全限定两次。例如，"C:\

temp C:\windows"在大多数情况下也将引发异常。在接收路径的成员中,路径可以是指文件或仅是目录。指定路径也可以是相对路径或者服务器和共享名称的统一命名约定路径。例如,"C:\\MyDir"、"MyDir\\MySubdir"或"\\\\MyServer\\MyShare"都是可接收的路径。

默认情况下,向所有用户授予对新目录的完全读/写访问权限。如果在以目录分隔符结尾的路径字符串处要求提供某个目录的权限,会导致要求提供该目录所含的所有子目录的权限,如"C:\Temp\"。如果仅需要某个特定目录的权限,则该字符串应该以"."结尾。

【例 9.1】 Directory 类使用示例:确定指定的目录是否存在,如果存在,则删除该目录;如果不存在,则创建该目录。然后,此示例将移动此目录并对文件进行计数。

程序代码如下:

```
1    using System;
2    using System.IO;                                    //这条 using 指令一定要有
3    class Test
4    {
5          public static void Main()
6          {
7             string path=@"D:\MyDir";                   // 指定要操作的目录
8             string target=@"D:\TestDir";               // 指定要操作的目录
9             try
10            {
11               if(!Directory.Exists(path))             //检查目录是否存在
12               {
13                     Directory.CreateDirectory(path);  //目录不存在时进行创建
14               }
15               if(Directory.Exists(target))
16               {
17                     Directory.Delete(target, true);   //目录存在时删除它
18               }
19               Directory.Move(path, target);
                                             //将 path 文件夹里的内容移到 target 位置
20               Console.WriteLine("The number of files in {0} is {1}", target,
                 Directory.GetFiles(target).Length);     //统计文件数目
21            }
22            catch(Exception e)
23            {
24               Console.WriteLine("The process failed: {0}", e.ToString());
25            }
26        }
27   }
```

DirectoryInfo 类的实例可以表示一个特定的文件夹,可以通过该实例执行有关文件

夹的相关操作。DirectoryInfo 类的主要方法如表 9.5 所示，DirectoryInfo 类的主要属性和字段如表 9.6 所示。

表 9.5　DirectoryInfo 类的主要方法

方 法 名	说　明
Create()	创建目录
CreateSubdirectory (String, DirectorySecurity)	使用指定的安全性在指定的路径上创建一个或多个子目录。指定路径可以是相对于 DirectoryInfo 类的此实例的路径
Delete()	如果此 DirectoryInfo 为空，则删除它
Delete(Boolean)	删除 DirectoryInfo 的此实例，指定是否要删除子目录和文件
GetDirectories()	返回当前目录的子目录
GetFiles()	返回当前目录的文件列表
MoveTo	将 DirectoryInfo 实例及其内容移动到新路径

表 9.6　DirectoryInfo 类的主要属性和字段

属性名或字段名	说　明
FullPath	表示目录或文件的完全限定目录
OriginalPath	最初由用户指定的目录(不论是相对目录还是绝对目录)
Attributes	获取或设置当前文件或目录的特性
CreationTime	获取或设置当前文件或目录的创建时间
Exists	获取指示目录是否存在的值
FullName	获取目录或文件的完整目录
LastAccessTime	获取或设置上次访问当前文件或目录的时间
LastWriteTime	获取或设置上次写入当前文件或目录的时间
Name	获取此 DirectoryInfo 实例的名称
Parent	获取指定子目录的父目录
Root	获取路径的根部分

【例 9.2】 DirectoryInfo 类使用示例。

```
1   using System;
2   using System.IO;
3   class Test
4   {
5       public static void Main()
6       {
7           DirectoryInfo di=new DirectoryInfo(@"D:\MyDir");//指定要操作的目录
8           try
```

```
9            {
10               if(di.Exists)                    //判断该目录是否存在
11                   Console.WriteLine("That path exists already.");
12               else
13               {
14                   di.Create();                 //目录不存在,进行创建
15                   Console.WriteLine("The directory was created successfully.");
16                   di.MoveTo("D:\\TestDir");    //移动文件夹
17                   Console.WriteLine("The directory is {0}.", di.FullName);
18                   di.Delete();                 //删除刚刚创建的目录
19                   Console.WriteLine("The directory was deleted successfully.");
20               }
21           }
22           catch(Exception e)
23           {
24               Console.WriteLine("The process failed: {0}", e.ToString());
25           }
26       }
27   }
```

由于所有的 Directory 方法都是静态的,所以如果只想执行一个操作,那么使用 Directory 方法的效率比使用相应的 DirectoryInfo 实例方法可能更高。但是,如果打算多次重用某个对象,可考虑改用 DirectoryInfo 的相应实例方法,因为 Directory 类的静态方法对所有方法都执行安全检查。

9.2.2 文件管理

System.IO 命名空间中提供的用于管理文件的类有：File 和 FileInfo。与 Directory 类相似,File 类中包括许多用于操作文件的静态方法,如表 9.7 所示。

表 9.7 File 类的主要方法

方法名	说明
AppendAllText(String, String)	打开一个文件,向其中追加指定的字符串,然后关闭该文件。如果文件不存在,此方法创建一个文件,将指定的字符串写入文件,然后关闭该文件
AppendText	创建一个 StreamWriter,它将 UTF-8 编码文本追加到现有文件
Copy(String, String)	将现有文件复制到新文件。不允许覆盖同名的文件
Copy(String, String, Boolean)	将现有文件复制到新文件。允许覆盖同名的文件
Create(String)	在指定路径中创建或覆盖文件
Create(String, Int32)	创建或覆盖指定的文件
CreateText	创建或打开一个文件用于写入 UTF-8 编码的文本

续表

方　法　名	说　　明
Decrypt	解密由当前账户使用 Encrypt 方法加密的文件
Delete	删除指定的文件。如果指定的文件不存在，则不引发异常
Encrypt	将某个文件加密，使得只有加密该文件的账户才能将其解密
Exists	确定指定的文件是否存在
GetCreationTime	返回指定文件或目录的创建日期和时间
GetLastAccessTime	返回上次访问指定文件或目录的日期和时间
GetLastWriteTime	返回上次写入指定文件或目录的日期和时间
Move	将指定文件移到新位置，并提供指定新文件名的选项
Open(String, FileMode)	打开指定路径上的 FileStream，具有读/写访问权限
Open(String, FileMode, FileAccess)	以指定的模式和访问权限打开指定路径上的 FileStream
OpenRead	打开现有文件以进行读取
OpenWrite	打开现有文件以进行写入
ReadAllBytes	打开一个文件，将文件的内容读入一个字符串，然后关闭该文件
ReadAllLines(String)	打开一个文本文件，读取文件的所有行，然后关闭该文件
ReadAllText(String)	打开一个文本文件，读取文件的所有行，然后关闭该文件
ReadLines(String)	读取文件的文本行
Replace(String, String, String)	使用其他文件的内容替换指定文件的内容，这一过程将删除原始文件，并创建被替换文件的备份
WriteAllBytes	创建一个新文件，在其中写入指定的字节数组，然后关闭该文件。如果目标文件已存在，则覆盖该文件
WriteAllLines(String,String[])	创建一个新文件，在其中写入指定的字符串数组，然后关闭该文件
WriteAllText(String, String)	创建一个新文件，在其中写入指定的字符串，然后关闭文件。如果目标文件已存在，则覆盖该文件

【例 9.3】 File 类使用示例：创建文本文件并进行读写操作。

```
1    using System;
2    using System.IO;
3    class Test
4    {
5        public static void Main()
6        {
7            string path=@"D:\MyTest.txt";        //确定操作的文件
8            if(!File.Exists(path))               //判断指定的文件是否存在
9            {
```

```
10              string contents="Hello and Welcome";
11              File.WriteAllText(path, contents);      //创建文件并写入内容
12          }
13          string appendText="This is extra text";
14          File.AppendAllText(path, appendText);       //向文件中追加内容
15          string readText=File.ReadAllText(path);     //读取文件的内容
16          Console.WriteLine(readText);
17      }
18  }
```

FileInfo 类的实例可以表示一个特定的文件,可以通过该实例执行有关文件的相关操作。FileInfo 类的主要方法如表 9.8 所示,FileInfo 类的主要属性和字段如表 9.9 所示。

表 9.8 FileInfo 类的主要方法

方法名	说明
AppendText	创建一个 StreamWriter,它向 FileInfo 的此实例表示的文件追加文本
CopyTo(String)	将现有文件复制到新文件,不允许覆盖现有文件
CopyTo(String, Boolean)	将现有文件复制到新文件,允许覆盖现有文件
Create	创建文件
CreateText	创建写入新文本文件的 StreamWriter
Decrypt	解密由当前账户使用 Encrypt 方法加密的文件
Delete	永久删除文件
Encrypt	将某个文件加密,使得只有加密该文件的账户才能将其解密
MoveTo	将指定文件移到新位置,并提供指定新文件名的选项
Open(FileMode)	在指定的模式中打开文件
OpenRead	创建只读 FileStream
OpenText	创建使用 UTF-8 编码、从现有文本文件中进行读取的 StreamReader
OpenWrite	创建只写 FileStream
Replace(String, String)	使用当前 FileInfo 对象所描述的文件替换指定文件的内容,这一过程将删除原始文件,并创建被替换文件的备份

表 9.9 FileInfo 类的主要属性和字段

属性名或字段名	说明
FullPath	表示目录或文件的完全限定目录
OriginalPath	最初由用户指定的目录(不论是相对目录还是绝对目录)
Attributes	获取或设置当前文件或目录的特性
CreationTime	获取或设置当前文件或目录的创建时间

续表

属性名或字段名	说　明
DirectoryName	获取表示目录的完整路径的字符串
Exists	获取指示文件是否存在的值
Extension	获取表示文件扩展名部分的字符串
FullName	获取目录或文件的完整目录
IsReadOnly	获取或设置确定当前文件是否为只读的值
LastAccessTime	获取或设置上次访问当前文件或目录的时间
LastWriteTime	获取或设置上次写入当前文件或目录的时间
Length	获取当前文件的大小(字节)
Name	获取文件名

【例 9.4】 FileInfo 类使用示例。

```
1    using System;
2    using System.IO;
3    public class Test
4    {
5        public static void Main()
6        {
7            try
8            {
9                FileInfo fi=new FileInfo("D:\\MyDir\\temp.txt");      //创建文件
10               Console.WriteLine(fi.DirectoryName);   //输出目录信息
11               Console.WriteLine(fi.Extension);       //输出文件扩张名信息
12               Console.WriteLine(fi.LastAccessTime);  //输出文件的最后访问时间
13           }
14           catch(Exception e)
15           {
16               Console.WriteLine("The process failed: {0}", e.ToString());
17           }
18       }
19   }
```

File 类和 FileInfo 类的区别与 Directory 和 DirectoryInfo 之间的区别相似。从两个类的常用方法可以看出，File 类和 FileInfo 类可以实现文件的创建、删除、复制、移动以及打开文件并进行读写操作的功能。但在实际编程中，对文件的读写更多借助文件流的相关类来实现，如 FileStream 类、StreamReader 类、StreamWriter 类、BinaryReader 类和 BinaryWriter 类等，File 类和 FileInfo 类更多地用于实现文件的创建、删除以及打开操作。

文件的存储管理还经常用到 path 类，path 类实现对包含文件或目录路径信息的

String 实例执行操作。如下所示:

```
string path1=@"c:\temp\MyTest.txt";
string path2=@"c:\temp\MyTest";
string path3=@"temp";
if(Path.HasExtension(path1))                    //确定路径是否包括文件扩展名
{
     Console.WriteLine("{0} has an extension.", path1);
}
if(!Path.IsPathRooted(path3))
                          //指定的路径字符串是包含绝对路径信息还是包含相对路径信息
{
       Console.WriteLine ( " The string {0} contains no root information.",
path3);
}
String fullpath=Path.GetFullPath(path3);    //返回指定路径字符串的绝对路径
String temppath=Path.GetTempPath();         //返回当前系统的临时文件夹的路径
String tempfilename=Path.GetTempFileName();
                    /* 创建磁盘上唯一命名的零字节的临时文件并返回该文件的完整路径 */
```

9.3 文件读写

C#中的文件操作非常简单,.NET 框架使用读写 I/O 数据的通用模型来实现对文件的读写操作。用于实现文件读写的类都是 Stream 和 Reader/Writer 的派生类,如 FileStream 类、StreamReader 类、StreamWriter 类、BinaryReader 类和 BinaryWriter 类等。

9.3.1 按字节实现文件读写

FileStream 类对文件系统上的文件进行读取、写入、打开和关闭操作,并对其他与文件相关的操作系统句柄进行操作,如管道、标准输入和标准输出。除此之外,还可以指定读写操作是同步还是异步。FileStream 缓冲输入和输出以获得更好的性能。FileStream 类的主要成员如表 9.10 所示。

表 9.10 FileStream 类的主要成员

成员类型	成员名	说明
构造函数	FileStream(String, FileMode)	使用指定的路径和创建模式初始化 FileStream 类的新实例
构造函数	FileStream(String, FileMode, FileAccess)	使用指定的路径、创建模式和读/写权限初始化 FileStream 类的新实例
构造函数	FileStream(SafeFileHandle, FileAccess, Int32, Boolean)	使用指定的读/写权限、缓冲区大小和同步或异步状态为指定的文件句柄初始化 FileStream 类的新实例
构造函数	FileStream(String, FileMode, FileAccess, FileShare)	使用指定的路径、创建模式、读/写权限和共享权限创建 FileStream 类的新实例

续表

成员类型	成 员 名	说　　明
构造函数	FileStream(String, FileMode, FileSystemRights, FileShare, Int32, FileOptions, FileSecurity)	使用指定的路径、创建模式、访问权限和共享权限、缓冲区大小、附加文件选项、访问控制和审核安全初始化 FileStream 类的新实例
方法	BeginRead	开始异步读
方法	BeginWrite	开始异步写
方法	Close	关闭当前流并释放与之关联的所有资源(如套接字和文件句柄)
方法	CopyTo(Stream)	从当前流中读取所有字节并将其写入到目标流中
方法	EndRead	等待挂起的异步读取完成
方法	EndWrite	结束异步写入,在 I/O 操作完成之前一直阻塞
方法	Flush()	清除此流的缓冲区,使得所有缓冲的数据都写入到文件中
方法	Lock	防止其他进程更改 FileStream
方法	Read	从流中读取字节块并将该数据写入给定缓冲区中
方法	ReadByte	从文件中读取一个字节,并将读取位置提升一个字节
方法	Seek	将该流的当前位置设置为给定值
方法	SetLength	将该流的长度设置为给定值
方法	Unlock	允许其他进程访问以前锁定的某个文件的全部或部分
方法	Write	使用从缓冲区读取的数据将字节块写入该流
方法	WriteByte	将一个字节写入文件流的当前位置

【例 9.5】 FileStream 类使用示例。

```
1   using System;
2   using System.IO;
3   using System.Text;
4   class Test
5   {
6       public static void Main()
7       {
8           string path=@"d:\temp\MyTest.txt";
9           if(File.Exists(path))                    //如果文件存在则删除
10          {
11              File.Delete(path);
12          }
13          using(FileStream fs=File.Create(path))   //创建文件
14          {
```

```
15              AddText(fs, "This is some text");      //调用方法 AddText 将内容写入文件
16              AddText(fs, "This is some more text,");
17              for(int i=1; i<120; i++)
18                  AddText(fs, Convert.ToChar(i).ToString());
19          }
20          using(FileStream fs=File.OpenRead(path))       //打开文件进行读取操作
21          {
22              byte[] b=new byte[1024];
23              UTF-8Encoding temp=new UTF8Encoding(true);
24              while(fs.Read(b, 0, b.Length)>0)
25                  Console.WriteLine(temp.GetString(b));
26          }
27      }
28      private static void AddText(FileStream fs, string value)   //写文件
29      {
30          byte[] info=new UTF-8Encoding(true).GetBytes(value);   //转换为字节
31          fs.Write(info, 0, info.Length);                        //写入文件
32      }
33  }
```

使用 FileStream 类读写文件十分简单，但是它把所有数据都看作字节流，因此在进行文件读写时，需要将数据先转换成字节。但是在实际编程中，程序员更希望直接处理各种类型的数据，因此更多地使用 StreamReader 类、StreamWriter 类、BinaryReader 类和 BinaryWriter 类来进行文件访问。

另外，FileStream 对象支持使用 Seek 方法对文件进行随机访问。Seek 允许将读取/写入位置移动到文件中的任意位置。这是通过字节偏移参考点参数完成的。字节偏移量是相对于查找参考点而言的，该参考点可以是基础文件的开始、当前位置或结尾，分别由 SeekOrigin 类的 3 个属性表示。

9.3.2 按文本模式读写

StreamReader 类派生自 TextReader 类，使用 StreamReader 读取标准文本文件的各行信息，StreamReader 的默认编码为 UTF-8。StreamReader 类的主要成员如表 9.11 所示。

表 9.11 StreamReader 类的主要成员

成员类型	成 员 名	说 明
构造函数	StreamReader(String)	为指定的文件名初始化 StreamReader 类的新实例
构造函数	StreamReader(String, Encoding)	用指定的字符编码，为指定的文件名初始化 StreamReader 类的一个新实例
方法	Close	关闭 StreamReader 对象和基础流，并释放与读取器关联的所有系统资源(重写 TextReader.Close())

续表

成员类型	成员名	说　明
方法	Dispose(Boolean)	关闭基础流，释放 StreamReader 使用的未托管资源，同时还可以根据需要释放托管资源(重写 TextReader.Dispose(Boolean))
方法	Read()	读取输入流中的下一字符并使该字符的位置提升一个字符(重写 TextReader.Read())
方法	Read(Char[], Int32, Int32)	从 index 开始，从当前流中将最多 count 个字符读入 buffer(重写 TextReader.Read(Char[], Int32, Int32))
方法	ReadBlock	从当前流中读取最大 count 个字符并从 index 开始将该数据写入 buffer(继承自 TextReader)
方法	ReadLine	从当前流中读取一行字符并将数据作为字符串返回(重写 TextReader.ReadLine())
方法	ReadToEnd	从流的当前位置到末尾读取流(重写 TextReader.ReadToEnd())
属性	EndOfStream	获取一个值，该值表示当前的流位置是否在流的末尾

StreamWriter 类派生自 TextWriter 类，使用 StreamWriter 实现以一种特定的编码向流中写入字符，其默认编码为 UTF-8。StreamWriter 类的主要成员如表 9.12 所示。

表 9.12　StreamWriter 类的主要成员

成员类型	成员名	说　明
构造函数	StreamWriter(String)	使用默认编码和缓冲区大小，为指定路径上的指定文件初始化 StreamWriter 类的新实例
构造函数	StreamWriter(String, Boolean)	使用默认编码和缓冲区大小，为指定路径上的指定文件初始化 StreamWriter 类的新实例。如果该文件存在，则可以将其覆盖或向其追加。如果该文件不存在，则此构造函数将创建一个新文件
方法	Close	关闭当前的 StreamWriter 对象和基础流
方法	Dispose(Boolean)	释放由 StreamWriter 占用的非托管资源，还可以另外再释放托管资源
方法	Write	StreamWriter 类具有多种 Write 方法的重载形式，实现将各种类型的数据写入流
方法	WriteLine	StreamWriter 类具有多种 WriteLine 方法的重载形式，实现将各种类型的数据和一个新行或一个空行写入流

【例 9.6】 使用流 StreamReader 和 StreamWriter 实现文件的读写操作。

```
1    using System;
2    using System.Collections.Generic;
3    using System.Linq;
4    using System.Text;
5    using System.IO;
6    class Program
7    {
```

```
8       static void Main(string[] args)
9       {
            //获取 D 分区的目录信息
10          DirectoryInfo[] dDirs=new DirectoryInfo(@"d:\").GetDirectories();
11          using(StreamWriter sw=new StreamWriter("DDriveDirs.txt"))
12          {
13              foreach(DirectoryInfo dir in dDirs)      //将每个目录名称写入文件
14              {
15                  sw.WriteLine(dir.Name);
16              }
17          }
18          string line="";
19          using(StreamReader sr=new StreamReader("DDriveDirs.txt"))
20          {
21              while((line=sr.ReadLine())!=null)      //从文件读出每个目录名称并输出
22              {
23                  Console.WriteLine(line);
24              }
25          }
26      }
27  }
```

9.3.3 按二进制模式读写

BinaryReader 类用特定的编码将基元数据类型读作二进制值。BinaryReader 类的主要成员如表 9.13 所示。

表 9.13 BinaryReader 类的主要成员

成员类型	成 员 名	说 明
构造函数	BinaryReader(Stream)	基于所提供的流,用 UTF-8Encoding 初始化 BinaryReader 类的新实例
构造函数	BinaryReader(Stream, Encoding)	基于所提供的流和特定的字符编码,初始化 BinaryReader 类的新实例
方法	Close	关闭当前阅读器及基础流
方法	Dispose()	释放由 BinaryReader 类的当前实例占用的所有资源
方法	Read()	从基础流中读取字符,并根据所使用的 Encoding 和从流中读取的特定字符,提升流的当前位置
方法	Read(Byte[], Int32, Int32)	从字节数组中的指定点开始,从流中读取指定的字节数
方法	Read(Char[], Int32, Int32)	从字符数组中的指定点开始,从流中读取指定的字符数
方法	Read7BitEncodedInt	以压缩格式读入 32 位整数

续表

成员类型	成员名	说明
方法	ReadBoolean	从当前流中读取 Boolean 值,并使该流的当前位置提升 1 字节
方法	ReadByte	从当前流中读取下一字节,并使流的当前位置提升 1 字节
方法	ReadBytes	从当前流中读取指定的字节数以写入字节数组中,并将当前位置前移相应的字节数
方法	ReadChar	从当前流中读取下一字符,并根据所使用的 Encoding 和从流中读取的特定字符,提升流的当前位置
方法	ReadChars	从当前流中读取指定的字符数,并以字符数组的形式返回数据,然后根据所使用的 Encoding 和从流中读取的特定字符,将当前位置前移
方法	ReadDecimal	从当前流中读取十进制数值,并将该流的当前位置提升 16 字节
方法	ReadDouble	从当前流中读取 8 字节浮点值,并使流的当前位置提升 8 字节
方法	ReadInt16	从当前流中读取 2 字节有符号整数,并使流的当前位置提升 2 字节
方法	ReadInt32	从当前流中读取 4 字节有符号整数,并使流的当前位置提升 4 字节
方法	ReadInt64	从当前流中读取 8 字节有符号整数,并使流的当前位置向前移动 8 字节
方法	ReadSByte	从此流中读取一个有符号字节,并使流的当前位置提升 1 字节
方法	ReadSingle	从当前流中读取 4 字节浮点值,并使流的当前位置提升 4 字节
方法	ReadString	从当前流中读取一个字符串。字符串有长度前缀,一次 7 位被编码为整数
方法	ReadUInt16	使用 Little-Endian 编码从当前流中读取 2 字节无符号整数,并将流的位置提升 2 字节
方法	ReadUInt32	从当前流中读取 4 字节无符号整数并使流的当前位置提升 4 字节
方法	ReadUInt64	从当前流中读取 8 字节无符号整数并使流的当前位置提升 8 字节

BinaryWriter 类以二进制形式将基元类型写入流,并支持用特定的编码写入字符串。BinaryWriter 类的主要成员如表 9.14 所示。

表 9.14 BinaryWriter 类的主要成员

成员类型	成员名	说明
构造函数	BinaryWriter()	初始化向流中写入的 BinaryWriter 类的新实例
构造函数	BinaryWriter(Stream)	基于所提供的流,用 UTF-8 作为字符串编码来初始化 BinaryWriter 类的新实例
构造函数	BinaryWriter(Stream, Encoding)	基于所提供的流和特定的字符编码,初始化 BinaryWriter 类的新实例

续表

成员类型	成 员 名	说 明
方法	Close	关闭当前的 BinaryWriter 和基础流
方法	Dispose()	释放由 BinaryWriter 类的当前实例占用的所有资源
方法	Seek	设置当前流中的位置
方法	Write	BinaryWriter 类具有多种 Write 方法的重载形式,实现将各种类型的数据写入流
方法	Write7BitEncodedInt	以压缩格式写出 32 位整数

【例 9.7】 使用流 BinaryReader 和 BinaryWriter 实现文件的读写操作。

```
1    using System;
2    using System.IO;
3    class Test
4    {
5        static void Main()
6        {
7            string fileName="d:\\test.dat";
8            double d=3.1415926;
9            string s="hello";
10           int i=100;
11           bool b=true;
12           if(!File.Exists(fileName))
13           {
                 //使用 BinaryWriter 的 Write 方法向文件中写入数据
14               using (BinaryWriter binWriter = new BinaryWriter (File. Open
                 (fileName, FileMode.Create)))
15               {
16                   binWriter.Write(d);
17                   binWriter.Write(s);
18                   binWriter.Write(i);
19                   binWriter.Write(b);
20               }
                 //使用 BinaryReader 的 Read 方法从文件读出数据
21               using (BinaryReader binReader = new BinaryReader (File. Open
                 (fileName, FileMode.Open)))
22               {
23                   Console.WriteLine(binReader.ReadDouble());
24                   Console.WriteLine(binReader.ReadString());
25                   Console.WriteLine(binReader.ReadInt32());
26                   Console.WriteLine(binReader.ReadBoolean());
27               }
28           }
```

```
29        }
30    }
```

习题

1. 将源文件每行文本前添加一个行号输出到目的文件中。

2. 已知文件 Student.txt 中有 100 个学生的信息，每个学生信息包括学生姓名(string name)、学生年龄(int age)、学生身高(double height)、学生专业(string major)，请实现从命令行输入要查找的学生序号，输出相应学生的信息(注：学生序号从 1 开始)。

3. 已有两个文本文件 a.txt 和 b.txt，请编程将 b.txt 文件中的内容追加在 a.txt 文件中。

4. 统计文件 progam.cs 中单词 string 出现的次数。

5. 编程删除文件 progam.cs 的注释内容。

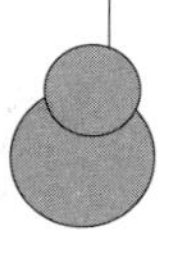

常用字符的Unicode编码表

U+	0	1	2	3	4	5	6	7	8	9	A	B	C	D	E	F
0000	NUL	SOH	STX	ETX	EOT	ENQ	ACK	BEL	BS	HT	LF	VT	FF	CR	SO	SI
0010	DLE	DC1	DC2	DC3	DC4	NAK	SYN	ETB	CAN	EM	SUB	ESC	FS	GS	RS	US
0020		!	"	#	$	%	&	'	(	)	*	+	,	-	.	/
0030	0	1	2	3	4	5	6	7	8	9	:	;	<	=	>	?
0040	@	A	B	C	D	E	F	G	H	I	J	K	L	M	N	O
0050	P	Q	R	S	T	U	V	W	X	Y	Z	[	\	]	^	_
0060	`	a	b	c	d	e	f	g	h	i	j	k	l	m	n	o
0070	p	q	r	s	t	u	v	w	x	y	z	{	|	}	~	DEL
080	PAD	HOP	BPH	NBH	IND	NEL	SSA	ESA	HTS	HTJ	VTS	PLD	PLU	RI	SS2	SS3
0090	DCS	PU1	PU2	STS	CCH	MW	SPA	EPA	SOS	SGCI	SCI	CSI	ST	OSC	PM	APC
00A0	NBSP	¡	¢	£	¤	¥	¦	§	¨	©	ª	«	¬	SHY	®	¯
00B0	°	±	²	³	´	µ	¶	•	¸	¹	º	»	¼	½	¾	¿
00C0	À	Á	Â	Ã	Ä	Å	Æ	Ç	È	É	Ê	Ë	Ì	Í	Î	Ï
00D0	Ð	Ñ	Ò	Ó	Ô	Õ	Ö	×	Ø	Ù	Ú	Û	Ü	Ý	Þ	ß
00E0	à	á	â	ã	ä	å	æ	ç	è	é	ê	ë	ì	í	î	ï
00F0	ð	ñ	ò	ó	ô	õ	ö	÷	ø	ù	ú	û	ü	ý	þ	ÿ

附录B C#语言关键字

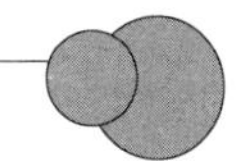

关键字	含　义	章　节	关键字	含　义	章　节
abstract	抽象类	7.6.2	as	类型转换运算符	2.4.5
base	基类	7.5.5	bool	布尔型	2.1.4
break	中止 switch 或循环	3.4.2	byte	8 位无符号整型	2.1.1
case	switch 语句 case 分支	3.4.2	catch	捕获异常	3.6.2
char	字符型	2.1.3	checked	检查溢出运算符	2.4.5
class	类声明	7.1.1	const	常量声明	2.2.5
continue	中止本次循环	3.5.5	decimal	高精度小数型	2.1.2
default	switch 语句 default 分支	3.4.2	delegate	委托声明	*
do	do 循环语句	3.5.2	double	双精度小数型	2.1.2
else	if 语句 else 分支	3.4.1	enum	枚举类型	6.2.1
event	事件声明	*	explicit	显式转换	7.4.4
extern	外部声明	*	false	布尔型值假	2.1.4
finally	finally 语句	3.6.2	fixed	fixed 语句	*
float	单精度小数型	2.1.2	for	for 循环语句	3.5.3
foreach	foreach 循环语句	5.3.1	goto	直接跳转语句	3.3.2
if	if 分支语句	3.4.1	implicit	隐式转换	7.4.4
in	foreach 循环语句	5.3.1	int	整型	2.1.1
interface	接口声明	8.1.1	internal	内部访问修饰符	7.1.2
is	类型兼容运算符	2.4.5	lock	加锁语句	3.7
long	长整型	2.1.1	namespace	命名空间声明	8.2.2
new	新建运算符	5.1.1	null	空	2.3.4
object	对象	*	operator	运算符成员	7.4.4
out	输出参数	4.2.3	override	覆写函数	7.5.6
params	参数数组	5.5.2	private	私有访问修饰符	7.1.2
protected	保护访问修饰符	7.1.2	public	公有访问修饰符	6.1.1
readonly	常量声明	2.2.5	ref	引用参数	4.2.3
return	返回语句	4.1.2	sbyte	8 位有符号整型	2.1.1
sealed	密封类	7.6.3	short	短整型	2.1.1
sizeof	求大小运算符	2.4.5	stackalloc	动态内存分配	*

续表

关键字	含义	章节	关键字	含义	章节
static	静态修饰符	7.1.2	string	字符串型	2.1.3
struct	结构体	6.1.1	switch	switch 多分支语句	3.4.2
this	this 访问器	7.3.5	throw	抛出异常	3.6.2
true	布尔型值真	2.1.4	try	try 语句	3.6.2
typeof	求类型运算符	2.4.5	uint	无符号整型	2.1.1
ulong	无符号长整型	2.1.1	unchecked	不检查溢出运算符	2.4.5
unsafe	不安全代码模式	*	ushort	无符号短整型	2.1.1
using	using 语句或 using 指令	3.7	virtual	虚函数	7.5.6
void	空类型	4.1.1	volatile	易变类型	7.2.1
while	while 循环语句	3.5.1			

说明:

表中关键字来自 C#语言规范 4.0,对于章节信息标记为星号的关键字,本书未做深入介绍。

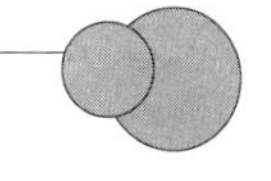

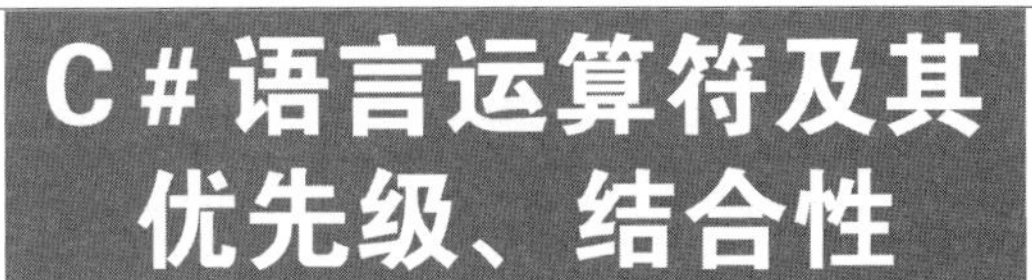

优先级	运 算 符	目	结合性	含　义	用　法	章节
1	( )	单目	自左向右	1. 圆括号 2. 函数调用	(expr) name(exprlist)	2.4.1 4.3.1
	[ ]	双目		下标引用	object[expr]	5.1.2
	new	单目		新建	new type[]	5.1.1
	.	双目		对象成员引用	object.member	6.1.2
	＋＋	单目		后置自增	lvalue＋＋	2.4.2
	－－	单目		后置自减	lvalue－－	2.4.2
2	!	单目	自右向左	逻辑非	! expr	2.4.4
	～			按位取反	～expr	2.4.2
	＋＋			前置自增	＋＋lvalue	2.4.2
	－－			前置自减	－－lvalue	2.4.2
	＋			取正值	＋expr	2.4.2
	－			取负值	－expr	2.4.2
	(类型)			类型转换	(type)expr	2.5.2
	sizeof			取长度	sizeof(type),sizeof(expr) sizeof expr	2.4.5
3	* / %	双目	自左向右	乘法 除法 整数求余/模数	expr1 * expr2 expr1/expr2 expr1%expr2	2.4.2
4	＋ －	双目	自左向右	加法 减法	expr1＋expr2 expr1－expr2	2.4.2
5	＜＜ ＞＞	双目	自左向右	按位左移 按位右移	expr1＜＜expr2 expr1＞＞expr2	2.4.2
6	＜ ＜＝ ＞ ＞＝	双目	自左向右	小于关系 小于或等于关系 大于关系 大于或等于关系	expr1＜expr2 expr1＜＝expr2 expr1＞expr2 expr1＞＝expr2	2.4.4

续表

<table>
<tr><th>优先级</th><th>运算符</th><th>目</th><th>结合性</th><th>含　义</th><th>用　法</th><th>章节</th></tr>
<tr><td>7</td><td>==
!=</td><td>双目</td><td>自左向右</td><td>等于关系
不等于关系</td><td>expr1==expr2
expr1!=expr2</td><td>2.4.4</td></tr>
<tr><td>8</td><td>&</td><td>双目</td><td>自左向右</td><td>按位与</td><td>expr1&expr2</td><td>2.4.2</td></tr>
<tr><td>9</td><td>^</td><td>双目</td><td>自左向右</td><td>按位异或</td><td>expr1^expr2</td><td>2.4.2</td></tr>
<tr><td>10</td><td>|</td><td>双目</td><td>自左向右</td><td>按位或</td><td>expr1|expr2</td><td>2.4.2</td></tr>
<tr><td>11</td><td>&&</td><td>双目</td><td>自左向右</td><td>逻辑与</td><td>expr1&&expr2</td><td>2.4.4</td></tr>
<tr><td>12</td><td>||</td><td>双目</td><td>自左向右</td><td>逻辑或</td><td>expr1||expr2</td><td>2.4.4</td></tr>
<tr><td>13</td><td>? :</td><td>三目</td><td>自右向左</td><td>条件</td><td>expr1? expr2:expr3</td><td>2.4.4</td></tr>
<tr><td rowspan="2">14</td><td>=</td><td>双目</td><td>自右向左</td><td>赋值</td><td>lvalue=expr</td><td>2.5.1</td></tr>
<tr><td>+= -= *= /=
%= &= ^= |=
<<= >>=</td><td>双目</td><td>自右向左</td><td>复合赋值</td><td>lvalue+=expr,lvalue-=expr
lvalue*=expr,lvalue/=expr
lvalue%=expr,lvalue&=expr
lvalue^=expr,lvalue|=expr
lvalue<<=expr,lvalue>>=expr</td><td>2.5.1</td></tr>
</table>

说明：

(1) 用法中 expr 表示表达式，type 表示类型，exprlist 表示表达式列表，varible 表示变量，member 表示成员，lvalue 表示左值。

(2) 表格中每行运算符优先级相同，上一行的运算符比下一行的运算符优先级高。例如，“*”与“%”的优先级相同，“*”的优先级比“+”高，因此，a+b*c 的含义是 a+(b*c)；类似地，*p++的含义是*(p++)而不是(*p)++。

参考文献

1. C#语言规范 4.0.1999.
2. SOILS D M. C# 4.0 图解教程[M]. 北京：人民邮电出版社，2011.
3. 刘丽霞，李俊民，等. C#范例大全[M]. 北京：清华大学出版社，2010.
4. 王贤明，谷琼，胡智文. C#程序设计. 北京：清华大学出版社，2012.
5. 郑阿奇，梁敬东. C#程序设计教程[M]. 2 版. 北京：机械工业出版社，2012.
6. 徐安东. Visual C#程序设计基础[M]. 北京：清华大学出版社，2012.
7. 姜学锋，周果清，刘君瑞. C++ 程序设计[M]. 北京：清华大学出版社，2012.
8. 刘君瑞. C++ 程序设计习题与解析[M]. 北京：清华大学出版社，2011.
9. KIMMEL P. Advanced C# Programming. The McGraw-Hill Companies，2002.
10. 王小科，王军，等. C#开发实战 1200 例(第Ⅰ卷)[M]. 北京：清华大学出版社，2011.
11. 王小科，王军，等. C#开发实战 1200 例(第Ⅱ卷)[M]. 北京：清华大学出版社，2011.

大学计算机基础教育特色教材系列　近期书目

大学计算机基础(第5版)(“国家精品课程”“高等教育国家级教学成果奖”配套教材、普通高等教育“十一五”国家级规划教材)
大学计算机应用基础(第3版)(“国家精品课程”“高等教育国家级教学成果奖”配套教材、教育部普通高等教育精品教材、“十二五”普通高等教育本科国家级规划教材)
大学计算机:技术、思维与人工智能(“陕西省高等教育教学成果奖”配套教材、西安交通大学“十四五”规划教材)
大学计算机基础——计算思维初步
计算机程序设计基础——精讲多练C/C++语言(“国家精品课程”“高等教育国家级教学成果奖”配套教材、教育部普通高等教育精品教材)
C/C++语言程序设计案例教程(“国家精品课程”“高等教育国家级教学成果奖”配套教材)
C程序设计(第2版)(首批“国家精品在线开放课程”“国家级一流本科课程”主讲教材、“高等教育国家级教学成果奖”配套教材、陕西普通高校优秀教材一等奖)
C++程序设计(第2版)(首批“国家精品在线开放课程”“国家级一流本科课程”主讲教材、“高等教育国家级教学成果奖”配套教材)
C#程序设计(第2版)(“国家精品在线开放课程”“国家级一流本科课程”主讲教材、“高等教育国家级教学成果奖”配套教材)
Visual Basic .NET程序设计(“高等教育国家级教学成果奖”配套教材)
Java语言程序设计基础(第2版)(普通高等教育“十一五”国家级规划教材)
Java语言应用开发基础(普通高等教育“十一五”国家级规划教材)
微机原理及接口技术(第2版)
单片机及嵌入式系统(第2版)
微机原理·接口技术及应用
Access数据库基础教程(2010版)
SQL Server数据库应用教程(第2版)(普通高等教育“十一五”国家级规划教材)
多媒体技术及应用(“高等教育国家级教学成果奖”配套教材、普通高等教育“十一五”国家级规划教材)
多媒体文化基础(北京市高等教育精品教材立项项目)
网络应用基础(“高等教育国家级教学成果奖”配套教材)
计算机网络技术及应用(第2版)
计算机网络基本原理与Internet实践
MATLAB基础教程
可视化计算(“高等教育国家级教学成果奖”配套教材)
Web应用程序设计基础(第2版)
Web标准网页设计与ASP
Python程序设计基础
Web标准网页设计与PHP
Qt图形界面编程入门